国家自然科学基金资助项目

基于超材料的毫米波平面喇叭天线技术研究

蔡洋 吴涛 杨柳 曹玉凡 著

西安电子科技大学出版社

内 容 简 介

本书专注于探索毫米波平面喇叭天线技术，全书共六章。书中详细解析了传统平面喇叭天线的基本结构、工作原理、辐射特性及局限性，为引入超材料技术进行对比和优化提供了背景；之后深入探讨了如何利用超材料的特殊电磁响应来增强毫米波平面喇叭天线的性能，包括但不限于增益提升、波束赋形、方向性控制、带宽扩展等方面。通过多个设计案例，本书展示了超材料结构在基片集成波导喇叭天线设计中的创新应用，同时结合电磁仿真软件和实验测试方法，对设计的超材料毫米波平面喇叭天线进行了全面的性能评估，验证了理论分析与设计思路的有效性。

本书适合微波工程、天线设计、超材料科学以及毫米波通信等研究方向的学者、工程师及研究生阅读。

图书在版编目（CIP）数据

基于超材料的毫米波平面喇叭天线技术研究 / 蔡洋等著. -- 西安：西安电子科技大学出版社, 2025. 6. -- ISBN 978-7-5606-7639-5

Ⅰ. TN823

中国国家版本馆 CIP 数据核字第 2025QD8024 号

基于超材料的毫米波平面喇叭天线技术研究
JIYU CHAOCAILIAO DE HAOMIBO PINGMIANLABATIANXIAN JISHU YANJIU

策　划	刘小莉
责任编辑	李　明
出版发行	西安电子科技大学出版社（西安市太白南路 2 号）
电　话	（029）88202421　88201467　　邮　编　710071
网　址	www.xduph.com　　　　电子邮箱　xdupfxb001@163.com
经　销	新华书店
印刷单位	陕西天意印务有限责任公司
版　次	2025 年 6 月第 1 版　　2025 年 6 月第 1 次印刷
开　本	787 毫米×960 毫米　1/16　　印　张　12
字　数	177 千字
定　价	48.00 元

ISBN 978-7-5606-7639-5

XDUP 7940001-1

*** 如有印装问题可调换 ***

前 言

　　端射天线是一种将馈源输入的能量沿着天线扩展的方向传播并最终向空间辐射的天线，其方向性好、剖面低，能够很好地满足测向、远距离通信等任务需求，被广泛地应用于机载通信、雷达等系统中。采用基片集成波导技术设计的端射天线，具有低成本、低剖面、低设计复杂度以及易于集成等优势，能够有效地满足高频通信对于材料属性、封装结构等方面的要求。随着无线通信技术的迅猛发展和通信频段的不断提升，研究基片集成波导端射天线具有迫切的现实应用需求。

　　按照极化特性，基片集成波导(SIW)端射天线可以分成三类：水平极化基片集成波导端射天线、垂直极化基片集成波导端射天线和圆极化基片集成波导端射天线。最常见的水平极化基片集成波导端射天线是 SIW 对跖线性槽渐变天线，由于 SIW 上下平行金属铜箔上的电流本身具有 180° 的相位差，因此 SIW 能够作为一个宽带巴伦结构对槽渐变天线等直接馈电，避免了复杂转换结构的设计。垂直极化基片集成波导端射天线通常利用终端开路的基片集成波导结构直接实现垂直极化端射辐射，但由于辐射口径非常小，该类天线阻抗匹配和辐射性能非常差，该类天线仍然有非常大的提升空间。圆极化基片集成波导端射天线要求同时激励出水平极化和垂直极化的电场分量，但由于 SIW 中不连续的金属化通孔结构，水平极化电场无法有效传播，严重制约了圆极化基片集成波导端射天线的实现。因此，实现多样化的 SIW 端射天线面临着巨大的挑战，同时也存在着广阔的探索空间。

　　本书围绕 SIW 端射天线发展遇到的瓶颈问题展开介绍，着眼于制约 SIW 端射天线性能的突出矛盾，介绍了多样化 SIW 端射天线的设计方法，提出了关于 SIW 的新思路，提高了"宽带化、小型化、圆极化"SIW 端射天线的实际应用能力，并拓宽其应用领域。全书共 6 章，以 SIW 的电磁调控机理和多样化设计为主线，由浅入深、自然拓展。第 1 章为绪论，介绍了 SIW 端射天线的基本概念、国内外研究现状、SIW 的发展瓶颈以及历史背景与研究意义等。第 2 章介绍了基于等效介质超材料的平面 SIW 喇叭天线技术，主要包括 SIW 喇叭天线的等效电路模型，不同渐变介质条件对阻抗匹配的影响，半开放式的 SIW 喇叭天线的设计与实验验证。第 3 章介绍了 SIW 端射天线的小型化技术，主要分析了 SIW 喇叭天线张角部分的金属宽壁的影响，介绍了多种能够有效地降低 SIW 端射天线尺寸的方法，并对比了多种小型化喇叭天线结构。第 4 章介绍了 SIW 端射天线的圆极化技术，对 SIW 实现圆极化端射的结构限制进行了理论分析，并介绍了三种实现宽带圆极化 SIW 端射天线的新方法，即圆极化介质端射天线、并联互补型端射天线和串联互补型端射天线。第 5 章介绍了 SIW 端射天线的人工电磁结构加载技术，分析了在 SIW 端射天线中加载人工电磁结构的新电磁特性，介绍了基于单层低剖面人工电磁结构的 SIW 端射天线，以及无金属化通孔的高阻抗表面加载的 SIW 喇叭天线。第 6 章介绍了宽边 SIW 喇叭天线及其阵列技术，分析了 SIW 背腔缝隙天线的窄带瓶颈，给出了多层 SIW 宽边喇叭天线作为辐射结构的方法，包括基于探针耦合和缝隙耦合的馈电网络以及对应的十六元宽边 SIW 喇叭天线阵。

本书由蔡洋负责撰写 1～3 章，吴涛负责撰写第 4 章，杨柳负责撰写第 5 章，曹玉凡负责撰写第 6 章，在撰写过程中，李森、卜立君以及漆思雨等博士研究生参与了部分插图的绘制。本书的研究工作得到了国家自然科学基金项目（61901522）的资助，使得研究得以持续顺利开展，在此表示诚挚的感谢。

本书只涉及基片集成波导端射天线领域很小一部分研究内容，无法将该领域所有研究都予以介绍。鉴于作者水平有限，书中难免有欠妥之处，恳请各位读者和有关专家提出宝贵意见。

作　者
2025 年 3 月

目　录

第 1 章 绪 论

随着近几年无线通信技术的高速发展，现有的服务过度地依赖于 X 波段以下的频率，从而导致该部分频谱非常拥挤，已经接近其最大容量。为了满足指数级增长的用户需求，研究人员将目光转向尚未被充分利用的 Ku 波段以上的频率，以便实现需要高速通信的新应用[1]。这些高频应用包括机载卫星广播接收、高速室内通信以及自适应雷达等[2]。

然而这些高频应用面临着诸多挑战。高频无线通信存在着严重的路径损耗，同时材料损耗也会严重影响并制约系统性能。由于印刷电路板(Printed Circuit Board，PCB)的铜箔厚度接近于趋肤深度，因此导体损耗显著增加[3-4]。克服这一难题的一种经典且技术成熟的方法是采用金属波导，该方法能够提供无可比拟的传输效率和高功率容量。但是，金属波导结构体积庞大且加工成本高，在高频设计时加工容差和组装过程要求严格，通常在加工完成后需要进行后续调整来满足性能需求。因成本和复杂度较高，金属波导元器件不适合大规模集成的商业应用，通常应用于太空或者军事等特殊领域的通信系统[5]。

应用于低频的天线和微波元器件通常采用 PCB 处理技术。这种成熟的技术不仅能实现低成本的设计，而且便于与电子元器件直接集成。然而这种平面设计严格来讲不是完全封装结构，因此会带来能量泄漏、交互串扰以及组装等问题。这些缺陷加上高导体损耗导致 PCB 技术不适合构建高频复杂结构。

上述分析表明，基于金属波导技术的元器件和基于 PCB 技术的元器件存在着明显的性能差距。而基片集成波导(Substrate Integrated Waveguide，SIW)技术能够消除两者之间的差距，提供广泛的商业应用解决方案[6-8]。该技术使得利用平面处理技术[如 PCB 或者低温共烧陶瓷(Low Temperature Co-fired Ceramic，LTCC)][9]构建低成本、高性能的类波导元器件成为可能。在 SIW 中，介质上下表面的金属铜箔构成波导上下平行金属壁，而垂直金属壁可以通过钻孔和金属化过程来实现。很多利用金属波导设计的天线和元器件能够通过 SIW 技术实现。尤为重要的是，这些天线和元器件能够保持传统金属波导的绝大多数优良特性(如低导体损耗、低交互干扰等)，且具有平面化结构的优势(如低成本、轻重量、易集成等)。

最常见的一类 SIW 天线是 SIW 缝隙天线[10-12]。相较于相同尺寸的金属波导，除了不同的介质损耗以及剖面高度，SIW 几乎具有与金属波导相同的特性，如传输模式(需要注意的是，SIW 不支持 TM 模式的传播)、谐振特性等，许多经典的波导类缝隙天线能够直接利用 SIW 进行设计。

另一类常见的 SIW 天线是 SIW 喇叭天线，其归属于 SIW 端射天线。众所周知，金属波导喇叭天线是应用最广泛的微波天线之一，具有方向性强、构造简单、功率容量大等显著优点，因此关于该类天线的研究层出不穷[13-14]。类似于 SIW 缝隙天线，人们期望利用 SIW 设计出低成本、低剖面且具有金属波导喇叭天线优点的 SIW 喇叭天线。然而 SIW 技术本身具有两方面的限制：① SIW 天线的工作频率范围受限；② 设计极化正交 SIW 端射天线的可能性受限。由于商业基板在毫米波频段以下相对较薄，采用 SIW 技术设计天线(特别是端射天线)难以保证天线的优良特性，所以产生上述第一个限制。此外，由于 SIW 的窄壁是不连续的金属化通孔，水平极化电场无法在 SIW 中传播，从而限制了双极化或者圆极化 SIW 天线的实现，因此产生上述第二个限制[15]。由于上述两方面的限制，SIW 端射天线仍具有广阔的探索空间。

端射天线是指从馈源输入的能量沿着天线扩展的方向传播并最终向空间辐射的天线[16-17]。端射天线的最大辐射方向平行于天线结构，因此该类天线在最大辐射方向上的方向性系数独立于口径尺寸，相较于边射天线，具有更好的空气动力学特性，能够适用于较小风阻、较低安装高度的应用场合，特别是高速移动载体，如导弹、无人机等。常见的端射天线主要包括八木-宇田天线、对数周期天线、槽渐变天线等[18-20]。从理论上讲，SIW 端射天线能够克服微带端射天线在高频表现出的性能缺陷，同时具有金属波导端射天线的优良性能，因此能够有效地满足现代通信系统中的端射终端需求。例如，在民用领域，随着第五代移动通信技术的提出，无人驾驶汽车进入了快速发展的时代，而无人驾驶汽车需要实时更新路况、地理位置等信息，从而实现智能调控，采用 SIW 端射天线作为收发终端可以保持汽车外形美观，同时也能够满足高频通信对于材料属性的限制[21]。此外，SIW 端射天线也能应用于高频军事通信系统，如反辐射导弹雷达等[22-23]。

总之，随着通信技术日新月异地发展，SIW 端射天线具有广泛的应用场合，同时该类天线的性能存在着很大的提升空间。

1.1　基片集成波导端射天线研究现状

根据极化特性，SIW 端射天线主要可以分为以下三类：水平极化 SIW 端射天线、垂直极化 SIW 端射天线以及圆极化 SIW 端射天线。实际上，这种分类方式也反映了不同的设计难度，通常情况下，水平极化 SIW 端射天线设计难度最小，垂直极化 SIW 端射天线次之，圆极化 SIW 端射天线设计难度最大，其原因在于 SIW 本身的结构特性。下面分别介绍每一类天线的研究现状。

1.1.1　水平极化 SIW 端射天线

最常见的水平极化 SIW 端射天线是 SIW 对距线性槽渐变天线。东南大学的郝张成教授首先将微带馈电的槽渐变天线设计成 SIW 馈电的槽渐变天线[24]。采用微带馈电时，需要引入巴伦结构实现馈电结构到辐射结构的过渡。而 SIW 本身就是一种平衡馈电结构，因此可以简化设计步骤，有效地避免微带部分的能量泄漏。这种天线因其阻抗带宽宽和增益平坦等突出优点，能够广泛地应用于毫米波和太赫兹频段的通信系统中。成都电子科技大学的程钰间教授以这种天线为单元结构结合 SIW 多端口馈电网络，设计了一系列端射天线阵列，如图 1-1 所示，提升了

SIW 端射天线在现代复杂电磁环境中的应用能力[25-26]。此外，其他经典的端射天线，如八木-宇田天线、对数周期天线，也都可以利用 SIW 技术实现并取得很好的效果[27-29]。

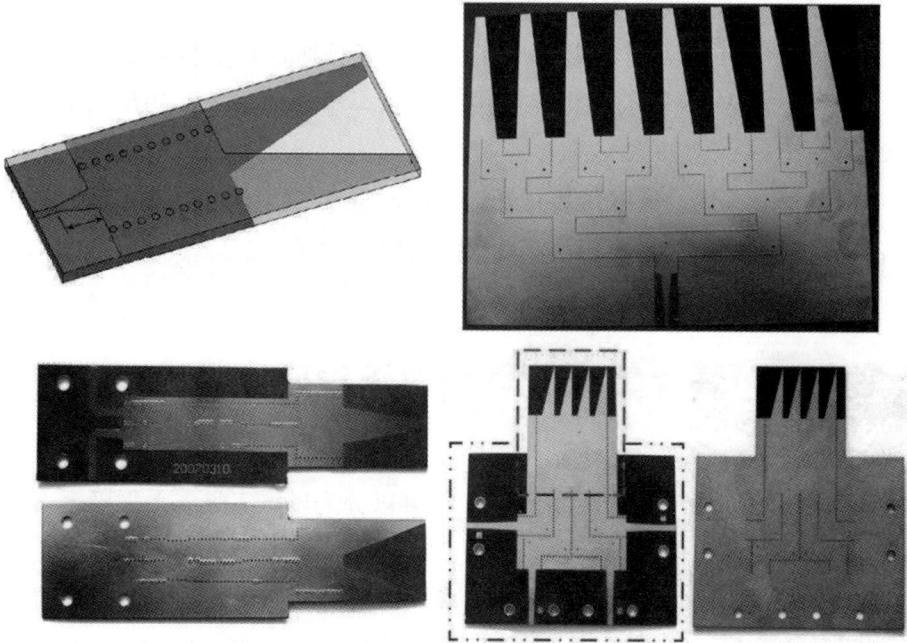

图 1-1　SIW 对距槽渐变天线及其阵列设计

综上所述，由于 SIW 上下平行金属铜箔上的电流本身具有 180° 的相位差，因此 SIW 能够作为一个宽带巴伦结构对槽渐变天线等直接馈电，避免了复杂转换结构的设计；同时，电磁波沿着平行于 SIW 口径的方向传播，具有足够的空间实现良好的阻抗匹配，因此高性能的水平极化 SIW 端射天线相对容易实现。

1.1.2　垂直极化 SIW 端射天线

加拿大皇家军事学院的研究人员最早提出了一款垂直极化的 SIW 端射天线，如图 1-2 所示。该天线利用终端开路的 SIW 结构直接实现垂直极化端射辐射，并通过加载若干感性金属化通孔改善阻抗匹配，在 20.2～21.3 GHz 的频段范围内反射系数小于 −10 dB，相对阻抗带宽非常窄[30]。

图 1-2 终端开路的 SIW 端射天线

加拿大蒙特利尔大学的吴柯教授课题组提出了 SIW 喇叭天线的概念，为了实现较大的辐射口径，需要在上下基板中间引入较厚的泡沫材料[31]。由于商业基板在毫米波频段以下相对较薄，而 SIW 喇叭天线需要在较薄的辐射口径上实现阻抗匹配，因此最初学者们认为 SIW 喇叭天线更适合在毫米波和太赫兹频段上设计。为了消除高频介质损耗，美国佐治亚理工学院的研究人员利用厚膜表面微机械加工与硅体微机械加工技术设计了一个共面波导(Coplanar Waveguide，CPW)馈电、工作在 60 GHz 环境的无介质填充的 SIW 喇叭天线，如图 1-3 所示[32]。台湾长庚大学的学者研究了工作在 60 GHz 环境、介质材料为砷化镓的 SIW 喇叭天线，为了符合砷化镓的标准处理流程，需要采用矩形金属块代替金属化通孔，并在口径边缘加载平板介质以提升远场辐射能力[33]。

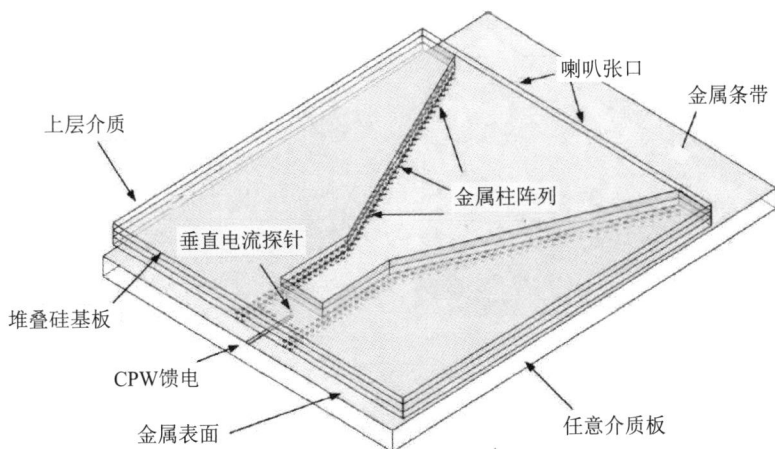

图 1-3 微机械加工的 SIW 喇叭天线

然而，上述研究成果依赖于高精度工艺流程或者特殊材料等，不利于SIW 喇叭天线的推广和应用。为了提高 SIW 喇叭天线的应用能力，学者们就如何实现高性能的 SIW 喇叭天线开展了一系列研究。按照主要设计目标和主要贡献，可以将前人的研究工作分成两类：宽带化 SIW 端射天线设计和高增益 SIW 端射天线设计。

1. 宽带化 SIW 端射天线设计

南京理工大学的车文荃教授课题组提出了在 SIW 喇叭口径上加载弧形介质的设计方法，依据光学原理，归纳出当满足喇叭半径大于介质半径的条件时，加载的介质能够起到波束汇聚的效果并最终提高 SIW 喇叭天线的方向性的结论[34]。南京理工大学的方大纲教授课题组进一步分析了介质形状对 SIW 喇叭天线阻抗匹配和辐射特性的影响，在单元结构的基础上，分别设计了一个四元 SIW 喇叭天线阵和一个平面四元 SIW 单脉冲天线阵，如图 1-4 所示[35]。

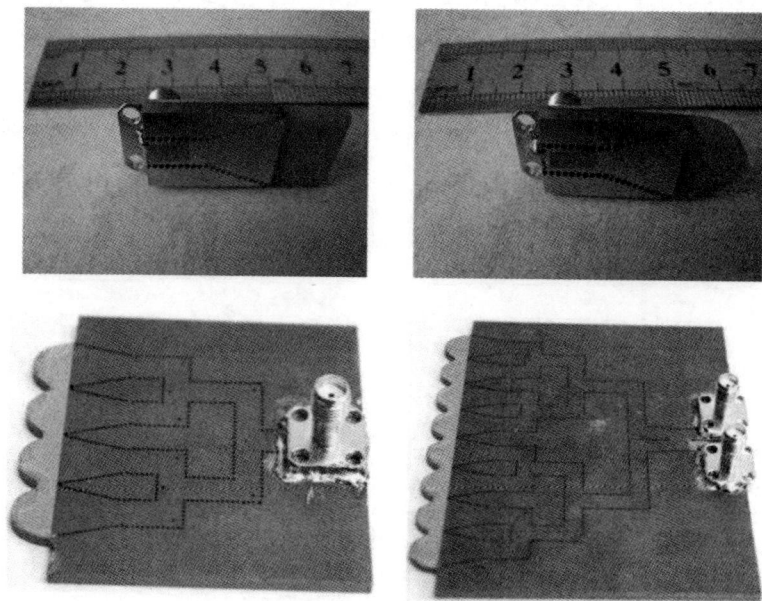

图 1-4　介质加载的 SIW 喇叭天线及其阵列

瑞士洛桑联邦理工学院的 Mosig J. R. 教授课题组同样研究了介质加载的 SIW 喇叭天线，不同于上述加载方式，该课题组将较厚的聚碳酸酯材料覆盖到喇叭口径上，并通过在介质上加载金属贴片降低后向辐射。这种方式能够有效地降低馈电部分的介质厚度，而天线整体厚度并未有所降低。基于这种单元结构，该课题组设计了一个多波束的三元天线阵，如图 1-5 所示[36]。

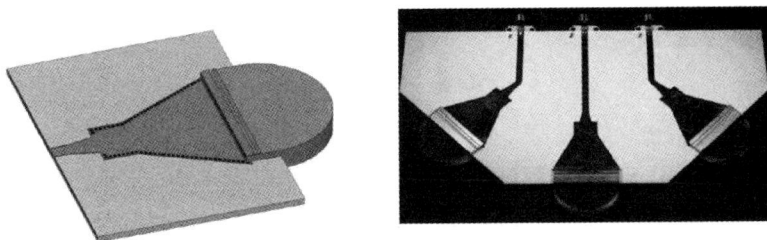

图 1-5 聚碳酸酯加载的 SIW 喇叭天线及其阵列

新加坡国立大学的陈志宁教授课题组以及成都电子科技大学的屈世伟教授课题组先后利用 LTCC 技术设计了介质加载的 SIW 喇叭天线，其本质思想都是利用 LTCC 技术构造多层结构的灵活性，实现薄馈电 SIW 到厚辐射口径的过渡，如图 1-6 所示[37-38]。

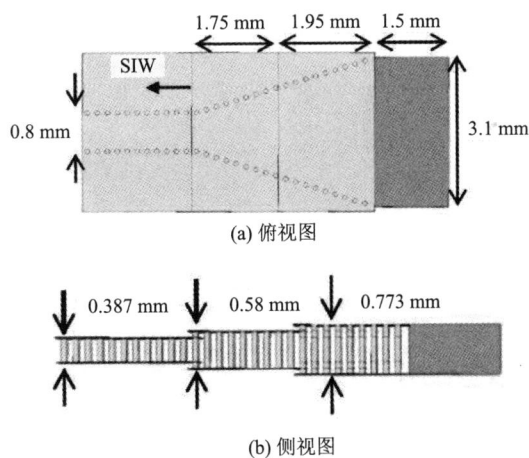

(a) 俯视图

(b) 侧视图

图 1-6 LTCC 技术构造的介质加载 SIW 喇叭天线

瑞士洛桑联邦理工学院的 Mosig J. R. 教授课题组提出了在喇叭口径上加载印刷金属条带结构实现宽带 SIW 喇叭天线的设计思想。该课题组利用金属条带之间的耦合效应产生新的谐振频率，从而有效地展宽阻抗带宽，进一步优化条带间隙能够降低 SIW 喇叭天线的前后比。该课题组还在天线单元的基础上，构建了八个单元、波束覆盖整个水平面的低剖面车载测向阵列，单元和阵列结构见图 1-7[39-41]。

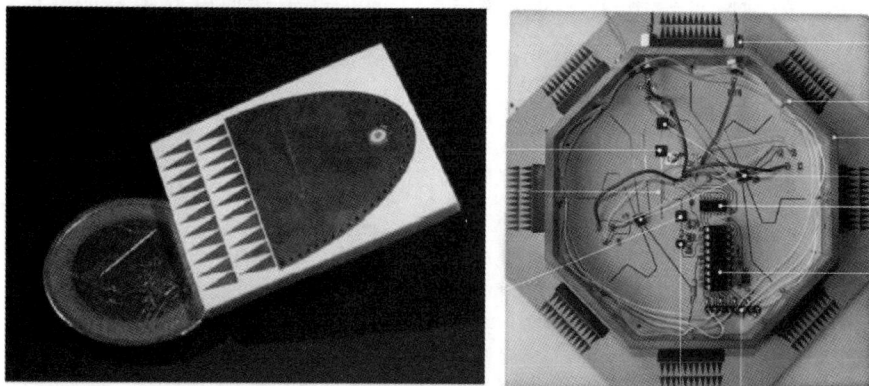

图 1-7　印刷金属条带加载的 SIW 喇叭天线及其全向阵列

成都电子科技大学的王志刚副教授课题组与捷克布尔诺科技大学的学者先后提出了印刷金属条带和介质联合加载的 SIW 喇叭天线，如图 1-8 所示。在采用印刷金属条带实现宽带特性之后，通过介质加载调整口径相位分布能够进一步实现高增益特性。

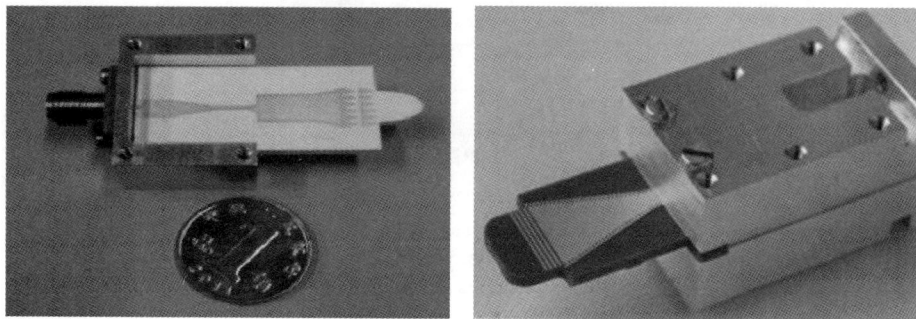

图 1-8　印刷金属条带和介质联合加载的 SIW 喇叭天线

伊朗沙赫德大学的 Mallahzadeh A. R. 提出了脊基片集成波导(Ridge Substrate Integrated Waveguide，RSIW)喇叭天线的仿真结构。如图 1-9 所示，整个天线由 10 层厚度相同的基板构成，其中 2 层用于设计同轴馈电结构，而 RSIW 的脊结构通过 8 层基板渐变到高度为 0，从而达到 RSIW 与自由空间的阻抗匹配。最终，该团队设计了一款工作在 18～40 GHz 范围的超宽带 SIW 喇叭天线[42]。

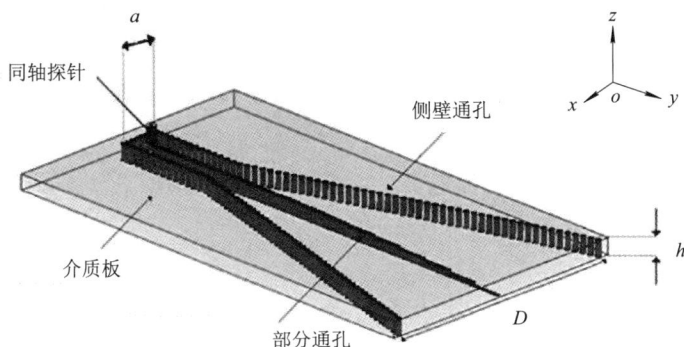

图 1-9　多层 RSIW 喇叭天线

　　为了能够在单层基板上实现 RSIW 喇叭天线的设计，南京理工大学的吴文教授和新加坡南洋理工大学的沈忠祥教授课题组利用镂空槽和半镂空槽技术构建了三阶脊波导结构，并通过在喇叭口径上加载弧形介质设计了工作在 6.6～18 GHz 范围的超宽带 SIW 喇叭天线。随后，他们又在此基础上稍做改进，使天线满足了金属表面共形的应用需求，如图 1-10 所示[43-44]。

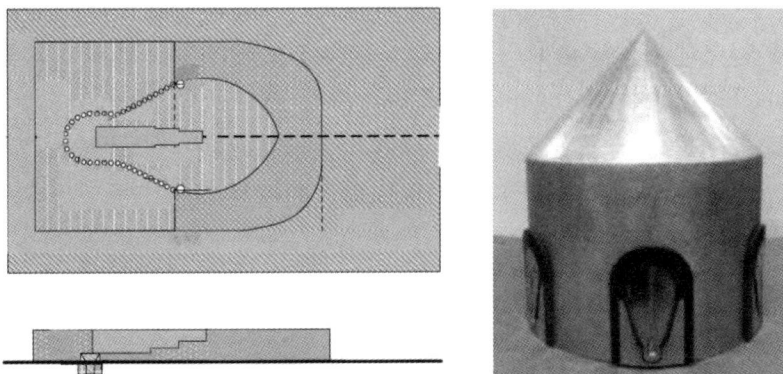

图 1-10　单层 RSIW 喇叭天线及其共形结构

　　香港城市大学的陆贵文教授课题组利用磁电偶极子的概念设计了宽带 SIW 端射天线。由于低剖面 SIW 口径天线的辐射方向图在 E 面呈 "O" 形、在 H 面呈 "8" 形，因此该结构可以等效成磁偶极子，在口径上放置耦合探针构成电偶极子，两者组合在一起即构成磁电偶极子。该课题组基于以上结构设计了一款工作在 60 GHz 的多波束端射阵列，如图 1-11 所示。在此基础上，他们又通过在 SIW 喇叭天线口径上加载多个电偶极子，使天线的阻抗带宽能够覆盖整个 Ka 波段[45-46]。

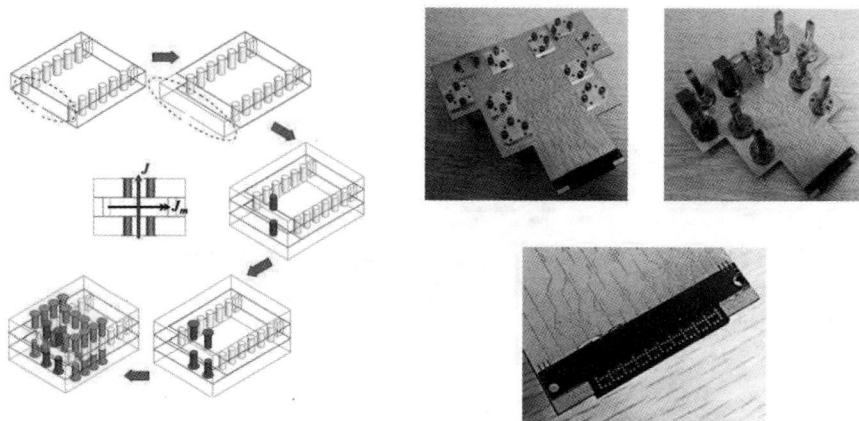

图 1-11　磁电偶极子加载的 SIW 端射天线及其阵列

2. 高增益 SIW 端射天线设计

东南大学的殷晓星教授课题组提出了相位矫正的 SIW 喇叭天线，如图 1-12 所示。他们首先采用嵌入金属化通孔调节喇叭内部相位的技术，实现在 SIW 喇叭天线辐射口径上相位准均匀分布的特性，能够达到超过 3.89 dB 的增益提升。该课题组后续又提出了一种间隙基片集成波导(Gap Substrate Integrated Waveguide，GSIW)结构，刻蚀在 SIW 表面的缝隙起到理想磁壁的作用，能够有效地调节 SIW 中的相移速度，从而矫正 SIW 喇叭天线口径的相位分布，最终实现 2 dB 左右的增益提升[47-48]。

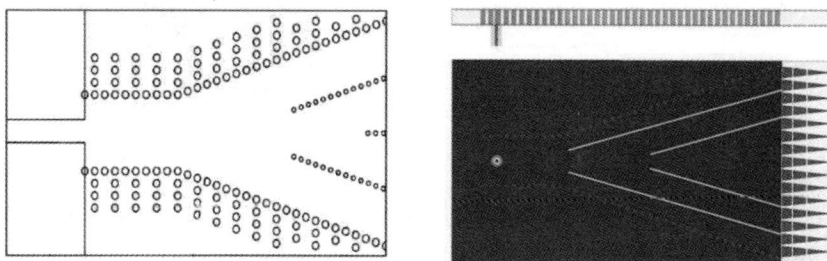

图 1-12　相位矫正的 SIW 喇叭天线

加拿大英属哥伦比亚大学的 Aghanejad I. 利用光学变换理论分析了在 SIW 喇叭天线中准柱面波转换成平面波的折射率分布条件，并利用空气孔结构实现了渐变折射率分布。最终设计的渐变折射率分布的 SIW 喇叭天线增益高达 11.73 dB，旁瓣电平(Side Lobe Level，SLL)低于 −23 dB，其折射率分布和天线结构如图 1-13 所示[49]。

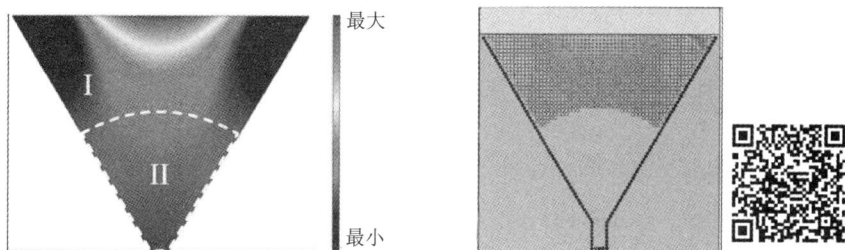

图 1-13 SIW 喇叭天线的折射率分布和天线结构

加拿大康考迪亚大学的 Kishk A. A. 教授课题组借助金属波导喇叭天线中的"软表面"和"硬表面"的思想,利用三层结构在 SIW 喇叭天线中构建"软硬表面",如图 1-14 所示,从而在 SIW 口径处获得几乎均匀的场分布,同时降低后向辐射[50]。

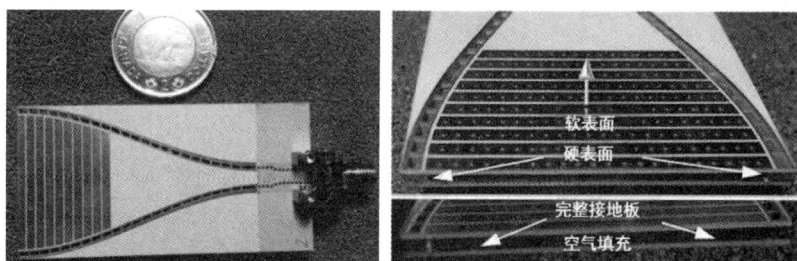

图 1-14 "软硬表面"加载的 SIW 喇叭天线

北京交通大学的学者和奥地利维也纳技术大学的学者利用抛物面反射原理,先后设计了新型的大口径 SIW 喇叭天线,分别将馈电结构正放、偏放于抛物面的焦点位置,实现了高增益 SIW 喇叭天线的设计。两种天线结构如图 1-15 所示[51-52]。

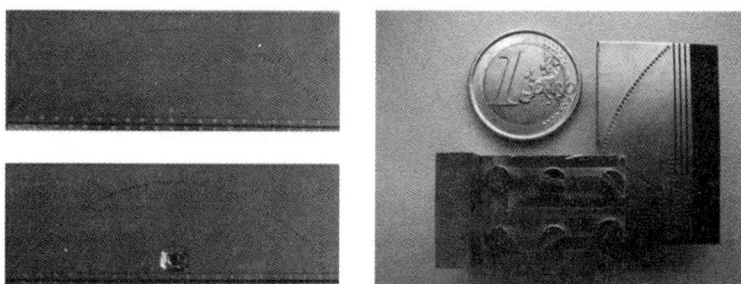

图 1-15 SIW 抛物面喇叭天线

此外，还有学者利用中空 SIW 结构[53]、双脊 SIW 结构[54]等提升 SIW 喇叭天线的辐射特性。

1.1.3　圆极化 SIW 端射天线

圆极化天线能够有效地降低由大气环境、多径传播等因素带来的极化失配，因此圆极化天线一直是天线设计者的重要研究内容[55-56]。设计圆极化 SIW 端射天线必须满足在天线中同时激励出水平极化和垂直极化的电场分量的条件，而 SIW 结构中不连续的金属化通孔使得水平极化电场分量无法有效传播，这一结构特点为设计圆极化 SIW 端射天线带来了挑战。瑞士洛桑联邦理工学院的 Mosig J. R. 教授课题组借鉴介质集成非辐射导波结构的原理，在 SIW 金属化通孔周围排布周期性的空气通孔以形成 SIW 内外的介电常数差，从而确保水平极化的电场分量无法透过 SIW 金属化通孔，避免产生电磁泄漏。这种结构需要采用高介电常数基板，同时仿真优化的复杂度非常高[57]。为了设计结构简单、性能优良的圆极化 SIW 端射天线，国内外学者开展了一系列研究工作。

美国田纳西大学的学者提出了利用厚基板实现圆极化 SIW 对跖槽渐变天线的设计思路[58]。增加 SIW 对跖槽渐变天线的厚度后，SIW 口径和渐变槽部分分别辐射垂直极化和水平极化的电磁波，通过优化渐变长度能够满足圆极化辐射条件，加载聚苯乙烯圆柱棒可以进一步展宽轴比带宽。北京邮电大学的学者也提出了结构类似的圆极化对跖槽渐变天线，但不需要加载介质棒即可实现宽轴比特性[59]，天线结构如图 1-16 所示。

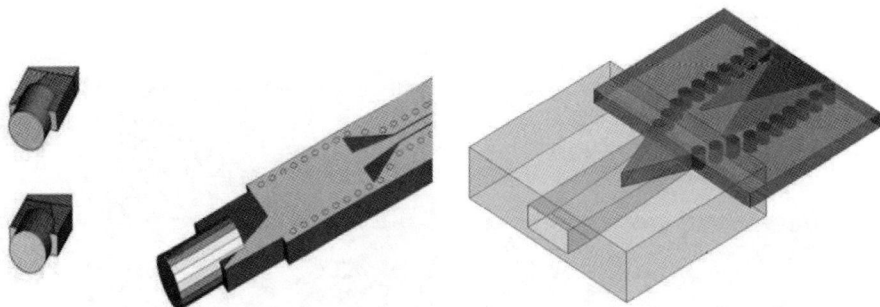

图 1-16　圆极化 SIW 对跖槽渐变天线

东南大学的殷晓星教授课题组在幅度与相位矫正 SIW 喇叭天线的基础上，在口径的位置上排布若干水平极化的对跖槽渐变天线，垂直极化的槽渐变天线以正交的方式对应地插入每一个对跖槽渐变天线中，如图 1-17 所示，通过调节两者之间的相对位置，可以实现圆极化辐射特性[60]。

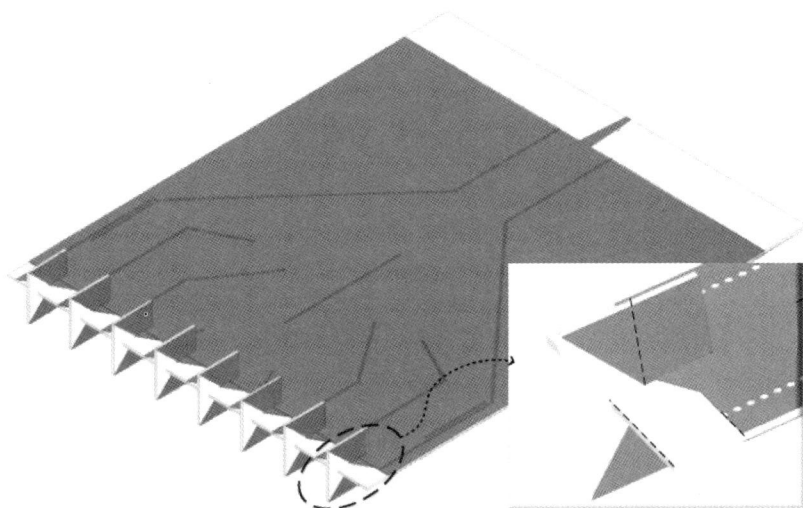

图 1-17 圆极化 SIW 喇叭天线

加拿大蒙特利尔大学的吴柯教授课题组提出了三维"乐高"式 SIW 技术，通过 SIW 宽壁和窄壁之间的耦合，能够实现电磁波的空间旋转。当采用三维 3 dB 定向耦合器作为馈电结构时，可以实现圆极化 SIW 端射天线的设计[61-63]。三维 SIW 天线及其元器件构造如图 1-18 所示。

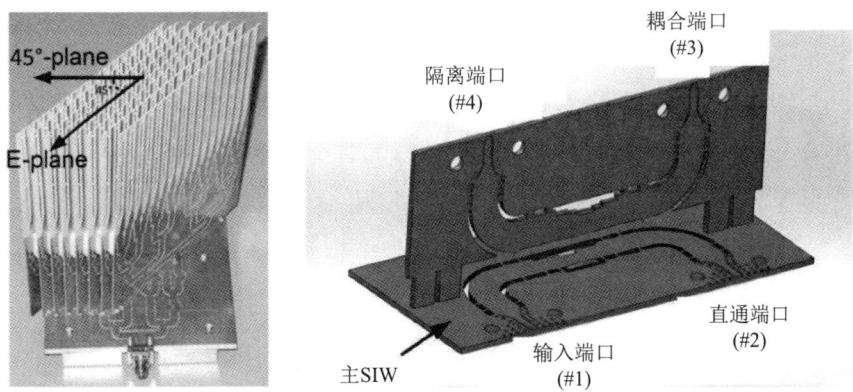

图 1-18 三维 SIW 天线及 3 dB 定向耦合器

1.2　本书的主要内容

SIW 端射天线的提出显著提升了端射天线在高频的应用能力，然而 SIW 结构本身的特性使得不同极化类型的端射天线具有不同的设计复杂度。从目前的研究成果来看，垂直极化 SIW 端射天线的性能，特别是阻抗匹配和方向性，仍然有非常大的提升空间；圆极化 SIW 端射天线的实现方式单一且结构复杂。本书重点介绍垂直极化和圆极化 SIW 端射天线的理论研究和设计过程。本书主要内容归纳总结如下：

1. 多级渐变介质加载的宽带 SIW 喇叭天线

本书介绍了等效不均匀介质加载的技术方案以及如何通过空气通孔技术实现等效不均匀介质的平面化。针对基板厚度引起的馈电设计难题，本书介绍了一种新型的共面波导馈电结构，实现了在较厚的 SIW 喇叭天线中加载平面馈电结构的同时保证天线的宽带特性。为了解决外部加载结构造成的天线整体无法直接与金属平台集成的问题，本书又介绍了一种半开放式的喇叭天线，该天线结构能有效地解决平台可集成性问题。同时，引入半开放式的结构也使得该 SIW 喇叭天线具有宽带特性。

2. 无金属宽壁的小型化宽带 SIW 端射天线

本书介绍了部分金属表面剥离的宽带 SIW 喇叭天线的设计方法，在保持天线阻抗带宽和辐射特性的前提下实现天线尺寸的有效缩减；进一步分析了在无金属宽壁 SIW 结构上加载不同直径的空气孔实现等效渐变剖面的方法，从而实现了一种结构紧凑的等效 E 面 SIW 喇叭天线。本书还介绍了一种 SIW 馈电的宽带三角形介质端射天线，该天线结构通过加载渐变空气孔能够进一步降低旁瓣电平，其尺寸远小于相同性能的 SIW 喇叭天线，便于借助外部馈电网络设计成不同形式的天线阵列。

3. 宽带圆极化 SIW 端射天线

本书介绍了一种平面 SIW 极化器结构，当其作为馈电结构时，能够在端射方向上提供极化正交的电场分量以及需要的相位差,在此基础上可以实现宽带圆极化 SIW 喇叭天线的设计。本书还介绍了一种 SIW 馈电的圆极化介质端射天线,加载的介质能够起到极化补偿器的作用,从而有效地展宽天线的轴比带宽,并实现尺寸缩减。为了在实现圆极化端射能力的同时保持结构的低剖面特性,本书也介绍了一种并联互补型的设计方案——两个极化正交、并列放置的单元为天线提供正交的电场分量。当在外部加载耦合器时能够产生需要的相位差,此时可以实现圆极化端射天线的设计。最后分析了一种串联互补型的端射天线,水平极化的电偶极子加载到垂直极化的 SIW 口径上构成圆极化端射单元。

4. 人工电磁结构加载的新型 SIW 端射天线

本书介绍了利用加载人工电磁结构的方式实现宽带 SIW 喇叭天线的设计方法。人工电磁结构的高阻抗特性能够使 $0.05\lambda_0$ 厚度的 SIW 喇叭天线实现超过 10%的阻抗带宽,同时,人工电磁结构的左手特性可使天线具有后向端射辐射能力,两种四元阵的设计进一步验证了该天线的良好性能。利用人工电磁结构的左手特性和带隙特性,本书分析了一种能够在半个俯仰角平面进行波束扫描的平面 SIW 口径天线,引入外部馈电网络能够进一步实现二维波束扫描天线阵的设计。最后介绍了一种高阻抗表面(High-Impedance Surface,HIS)加载的 SIW 喇叭天线,无金属化通孔的高阻抗表面便于依据频率变化进行尺寸缩放,同时能够使 SIW 喇叭天线实现超过 30%的工作带宽。

5. 宽边 SIW 喇叭天线及其阵列

本书借鉴 SIW 喇叭天线的构造和宽带实现方法,重点介绍了如何通过一种新颖的单元构造形式突破 SIW 背腔缝隙天线的窄带瓶颈。本书分析了采用多层 SIW 宽边喇叭天线作为天线单元的设计方法,在此宽带单元结构的基础上,分别对比基于探针耦合和缝隙耦合的馈电网络,实现超过 30%阻抗带宽的四元宽边 SIW 喇叭天线阵的设计。本书还介绍了一种效率更高的馈电网络及相应的十六元宽边 SIW 喇叭天线阵,说明了该天线阵在保证阻抗带宽的同时,更加便于大规模阵列的扩展。

第 2 章　基于等效介质超材料的平面 SIW 喇叭天线技术

本章重点介绍基于等效介质超材料的平面 SIW 喇叭天线，该类平面喇叭天线能够有效地展宽 SIW 喇叭天线的阻抗带宽，且设计方法简单，易于加工，天线辐射性能良好，能够有效地满足现代通信系统中端射天线的宽带需求。

2.1　加载等效渐变介质的宽带 SIW 喇叭天线

2.1.1　天线结构

加载等效渐变介质的宽带 SIW 喇叭天线结构如图 2-1 所示，两排金属化通孔构成 SIW 的窄壁，通孔的直径 d 和间距 p 的大小需满足 $\dfrac{d}{p} \geqslant 0.5$，以尽量减少通孔之间的能量泄漏。

SIW 的口径宽度为 a，与等效波导宽度的关系为[64-65]

$$a_{e} = a - 1.08 \times \frac{d^{2}}{p} + 0.1 \times \frac{d^{2}}{a} \tag{2-1}$$

其中 a_{e} 是传统矩形波导宽度，波导宽度决定了波导中的传播模式。经过长度 l_{2} 的过渡，SIW 口径逐渐扩展到 D，从而构成平面喇叭天线。为了实现渐变效果且保证原有结构的平面化，在第 i 阶渐变结构上引入直径为 d_i 的空气孔，每一阶渐变结构的尺寸均为 $l \times w$。

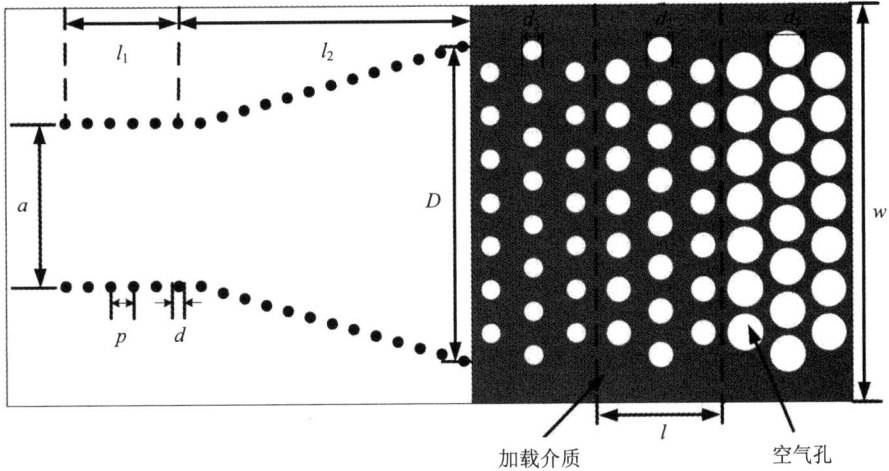

图 2-1　加载等效渐变介质的宽带 SIW 喇叭天线结构示意图

2.1.2　工作原理

为了解释介质加载结构对阻抗匹配的影响，图 2-2 提取了相应结构的等效电路。

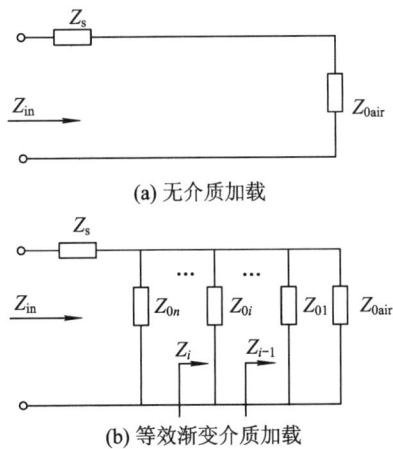

(a) 无介质加载

(b) 等效渐变介质加载

图 2-2　平面 SIW 喇叭天线等效电路图

如图 2-2(a)所示，由于空气特性阻抗 $Z_{0air} \approx 377\,\Omega$，远远大于 SIW 喇叭天线特性阻抗 Z_s，从而 SIW 喇叭天线产生严重的阻抗失配，且辐射效率很低。图 2-2(b)中 Z_{0i} 代表第 i 阶加载空气孔的介质结构的特性阻抗，其表达式为

$$Z_{0i} = \sqrt{\frac{\mu}{\varepsilon_i}} \tag{2-2}$$

其中，ε_i 为第 i 阶介质结构的等效介电常数，μ 为其相应的磁导率。对于输入阻抗 Z_i，其满足公式

$$\frac{1}{Z_i} = \frac{1}{Z_{0i}} + \frac{1}{Z_{i-1}} \tag{2-3}$$

观察上式可得，由于并联阻抗的作用，输入阻抗 Z_i 小于前一级的输入阻抗 Z_{i-1}，因此通过合理地引入并联阻抗，可以实现阻抗的渐变过渡。基于上述规律，为了实现从高空气特性阻抗到低 SIW 喇叭天线特性阻抗的平滑过渡，可以沿着电波传播方向不断增大介质的特性阻抗来改善阻抗匹配。根据公式(2-2)，介质的特性阻抗取决于 μ 和 ε，而 $\mu \approx \mu_0$，因此上述过程等效为沿电波传播方向不断减小介质的介电常数来增大介质的特性阻抗，从而改善阻抗匹配。

2.1.3　等效介电常数提取

调控介电常数的手段有多种，为了实现 SIW 喇叭天线的宽带效果，介电常数的调控必须满足宽带特性。同时，为了保持 SIW 喇叭天线的平面构造，新引入的结构必须也是二维平面的。基于以上两方面的考虑，可以在介质结构中引入空气孔实现对介电常数的调控[66-69]。

首先运用端口网络 S 参数对加载空气孔的介质进行参数提取，如图 2-3 所示。图中单元大小为 $m \times m \times h$，在单元的中心加载直径为 d_i 的空气孔，单元的四周设置一个理想的矩形波导。该波导设有两个端口，为了实现与 SIW 喇叭天线的同等极化条件，与 z 轴垂直的两个面设为理想电壁(Perfect Electric Conductor，PEC)，与 x 轴垂直的两个面设为理想磁壁(Perfect

Magnetic Conductor，PMC)，沿 y 轴方向设为电波传播方向。

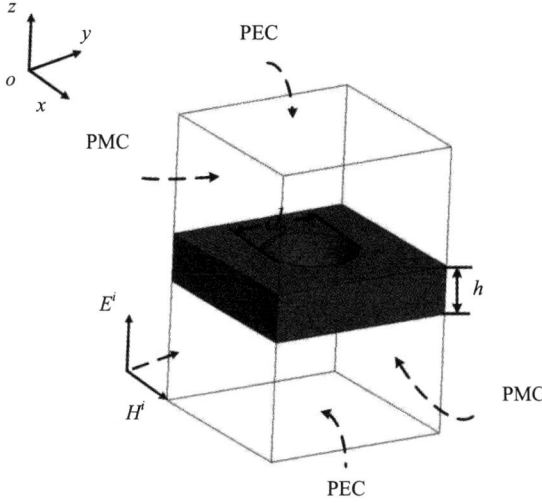

图 2-3 加载空气孔的介质等效参数提取模型图

根据端口 S 参数的定义可得[70-71]

$$\Gamma = \frac{|S_{11}|^2 - |S_{21}|^2 + 1}{2|S_{11}|} \pm \sqrt{\left(\frac{|S_{11}|^2 - |S_{21}|^2 + 1}{2|S_{11}|}\right)^2 - 1} \tag{2-4}$$

$$e^{-jkm} = \frac{|S_{21}|^2 - |S_{11}|^2 + 1}{2|S_{21}|} \pm \sqrt{\left(\frac{|S_{21}|^2 - |S_{11}|^2 + 1}{2|S_{21}|}\right)^2 - 1} \tag{2-5}$$

$$Z_{\text{eff}} = \sqrt{\frac{\mu_{\text{eff}}}{\varepsilon_{\text{eff}}}} = \frac{1 + \Gamma}{1 - \Gamma} \tag{2-6}$$

$$n_{\text{eff}} = -\frac{1}{jk_0 m}\left[\ln|e^{-jkm}| + j(\text{angle}(T) + 2n\pi)\right], \quad n = 0, \pm 1, \pm 2, \cdots \tag{2-7}$$

其中 Γ 为端口的反射系数，angle(T)为传输系数 T 的相位，μ_{eff}、ε_{eff} 分别为等效磁导率和等效介电常数，可通过 S 参数提取得到，而等效特性阻抗 Z_{eff} 及等效折射率 n_{eff} 可根据式(2-6)、式(2-7)计算得到。可以计算出等效介电常数为

$$\varepsilon_{\text{eff}} = \frac{n_{\text{eff}}}{Z_{\text{eff}}} \tag{2-8}$$

这里采用介电常数为 4.7 的基板，其厚度为 4.7 mm，提取单元大小为 3 mm × 3 mm × 4.7 mm。根据上述方法，提取出的等效介电常数与空气孔直径的关系曲线如图 2-4 所示。可以发现，当空气孔直径在 0～3 mm 范围内变化时，等效介电常数随着直径的增大而减小。这一结果表明，通过空气孔加载的方式能够实现对介质介电常数的有效调节。

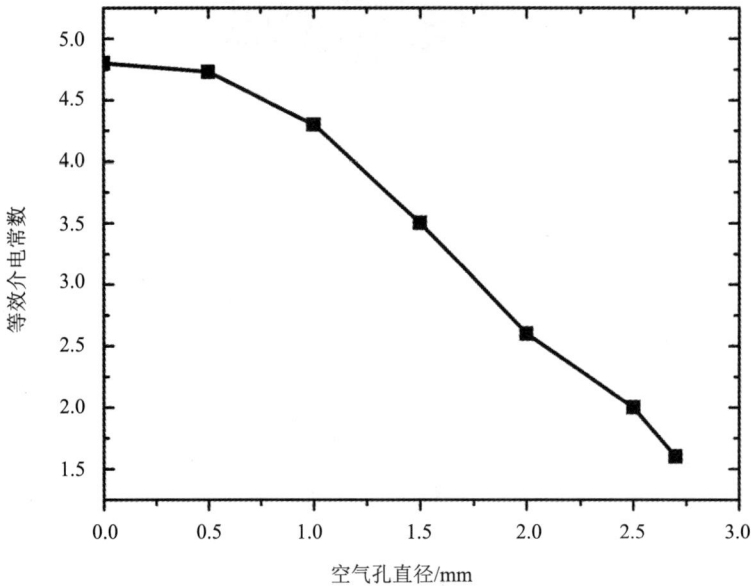

图 2-4   等效介电常数随空气孔直径变化曲线图

2.1.4   等效不均匀介质的影响

为了研究等效介质对 SIW 喇叭天线阻抗匹配的影响规律，我们采用逐级改进策略，即分别研究在介质上引入一阶、二阶以及三阶等效渐变的匹配效果，从而验证加载等效不均匀介质的有效性。如图 2-5 所示，(a)为在喇叭口处加载均匀介质以改善阻抗匹配；(b)(c)(d)分别为在原始介质上引入一种、两种和三种直径大小的空气孔来实现所谓的一阶渐变、二阶渐变和三阶渐变。

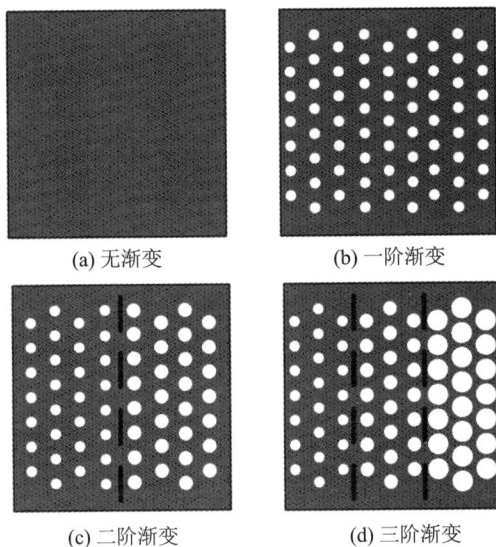

(a) 无渐变　　　　　　　　　(b) 一阶渐变

(c) 二阶渐变　　　　　　　　(d) 三阶渐变

图 2-5　不同阶空气孔加载介质结构示意图

对于 i 阶渐变结构，其空气孔大小可以通过以下方式确定：

$$\begin{cases} \Delta = \varepsilon_{\mathrm{r}} - \varepsilon_0 \\ \delta = \dfrac{\Delta}{i+1} \\ \varepsilon_{\mathrm{r}t} = \varepsilon_{\mathrm{r}} - t\delta \\ d_t = f(\varepsilon_{\mathrm{r}t}) \end{cases}, \quad t = 1,\ 2,\ \cdots,\ i \tag{2-9}$$

其中 ε_{r} 为介质的相对介电常数，ε_0 为空气的介电常数，i 为渐变阶数，t 为 i 阶渐变中的第 t 级渐变，$\varepsilon_{\mathrm{r}t}$ 为第 t 级渐变对应的等效介电常数，结合图 2-4 即可计算出需要设计的空气孔直径大小 d_t。

图 2-6 中对比了加载不同阶空气孔对 SIW 喇叭天线阻抗匹配的不同改进效果。正如文献[34]中所给出的结果，仅加载均匀介质能够实现约 10% 的阻抗带宽；随着过渡阶数的增加，反射系数($|S_{11}|$)的峰值点逐渐从约 $-6\,\mathrm{dB}$ 降低到 $-10\,\mathrm{dB}$ 以下。当过渡阶数增加到三阶时，从约 18 GHz 开始，SIW 喇叭天线的反射系数均低于 $-10\,\mathrm{dB}$，相比于加载均匀介质的 SIW 喇叭天线，阻抗带宽有了明显的展宽，从而验证了多阶过渡对于改善阻抗匹配的有效性。

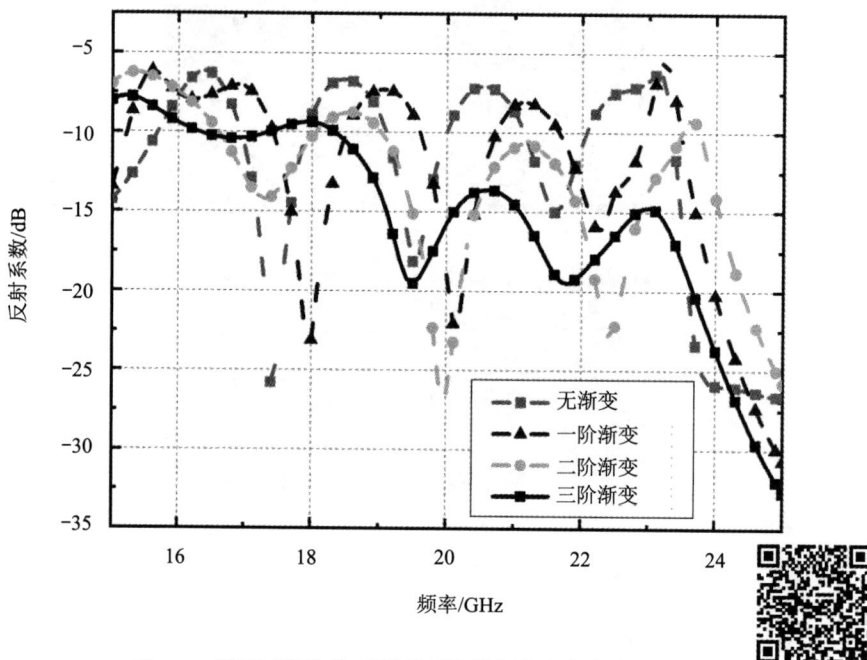

图 2-6　不同过渡阶数下反射系数随频率变化的曲线

　　不难推断，当过渡阶数越多，即介电常数递减过程越平滑时，阻抗匹配效果越好。然而过渡阶数增多的同时也意味着设计过程更加复杂且精度要求更高。因此综合考虑加工复杂度以及阻抗带宽展宽效果，我们最终选择用三阶空气孔加载结构设计宽带 SIW 喇叭天线。

2.1.5　实验结果与讨论分析

　　基于上述分析过程，我们使用仿真软件 HFSS(High Frequency Structure Simulator)对参数进行优化，最终将优化后的模型加工成实物以验证仿真结果。实物如图 2-7 所示，对应的参数值见表 2-1。这里需要注意的是，所采用的基板较厚，其厚度接近四分之一波长，常规的馈电方法，如微带馈电、同轴馈电等，会导致阻抗带宽非常窄且损耗非常大，因此这里采用一种波导馈电结构，如图 2-7 所示[72]。图中虚线框区域内为对称尖劈介质，它起到矩形波导到 SIW 的过渡作用，通过优化尖劈的长度能够实现理想的过渡效果。

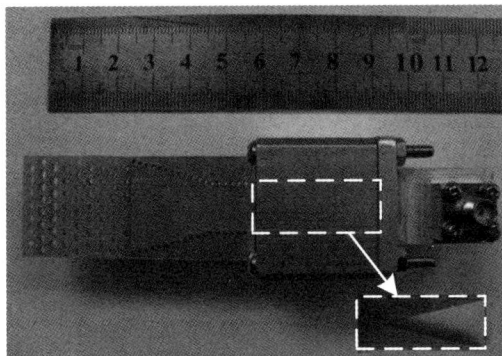

图 2-7　平面 SIW 喇叭天线实物图

表 2-1　SIW 喇叭天线优化参数　　单位：mm

参数	尺寸	参数	尺寸
a	10.6	p	1.6
l_1	10	d_1	2.6
l_2	21.5	d_2	1.8
D	22.4	d_3	1.4
d	1.6	h	4.7

图 2-8 对比了该 SIW 喇叭天线的仿真与实测反射系数。

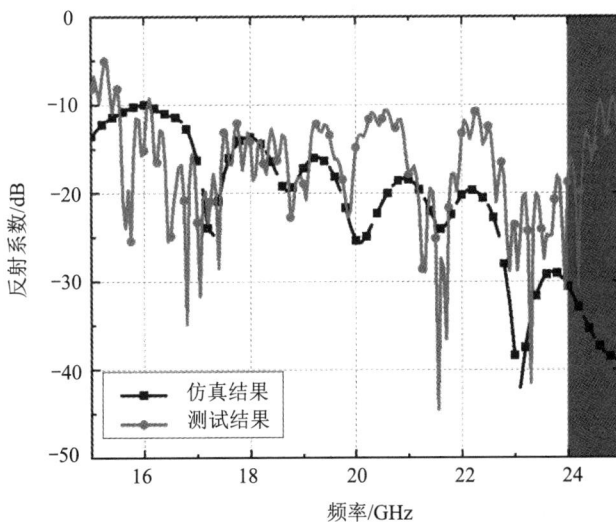

图 2-8　SIW 喇叭天线的仿真与实测反射系数

从图 2-8 中曲线分布来看，在谐振频点处，仿真与测试结果的一致性体现得非常明显。测试的阻抗带宽覆盖 16~24 GHz，相对带宽约 40%。图中灰色区域为波导的非工作频段。

图 2-9 给出了该天线在三个代表频点的 E 面和 H 面方向图。总体来说，仿真与测试的远场方向图具有非常相似的分布规律。考虑到加工误差以及仿真与测试的材料差异，测试误差仍可以被接受。

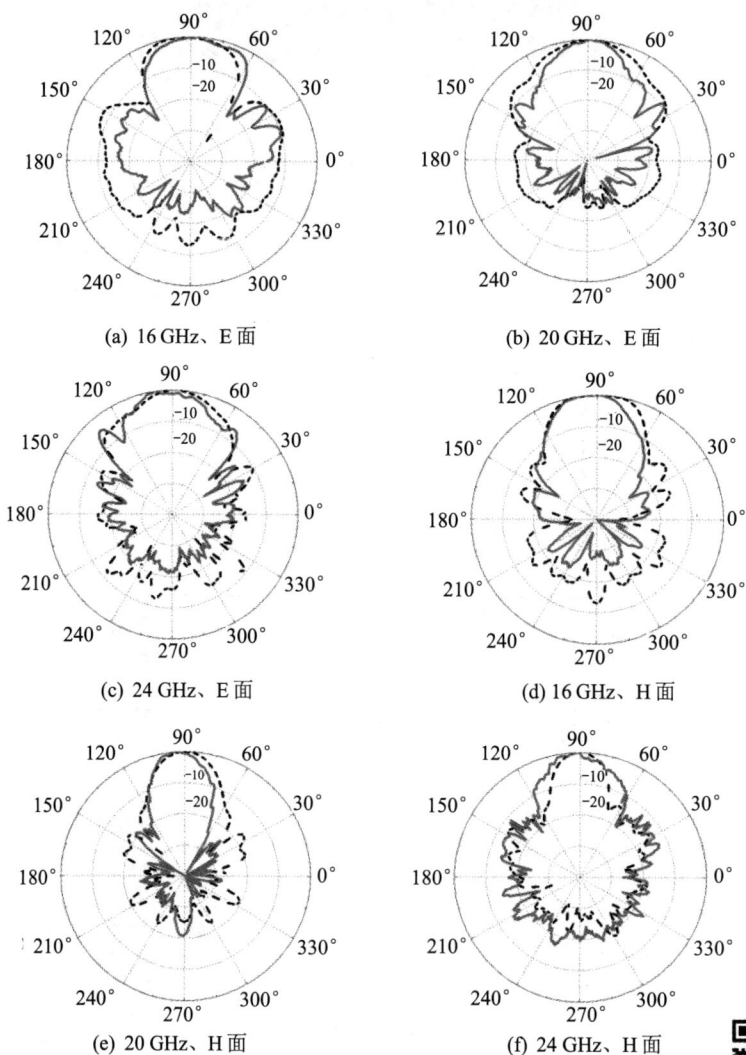

(a) 16 GHz、E 面

(b) 20 GHz、E 面

(c) 24 GHz、E 面

(d) 16 GHz、H 面

(e) 20 GHz、H 面

(f) 24 GHz、H 面

图 2-9　SIW 喇叭天线的仿真与实测方向图

(图中实线表示测试结果，虚线表示仿真结果)

　　图 2-10 为该天线的仿真与实测增益曲线。可以发现，在天线的工作频段范围内，天线的实测增益均高于 8 dBi。

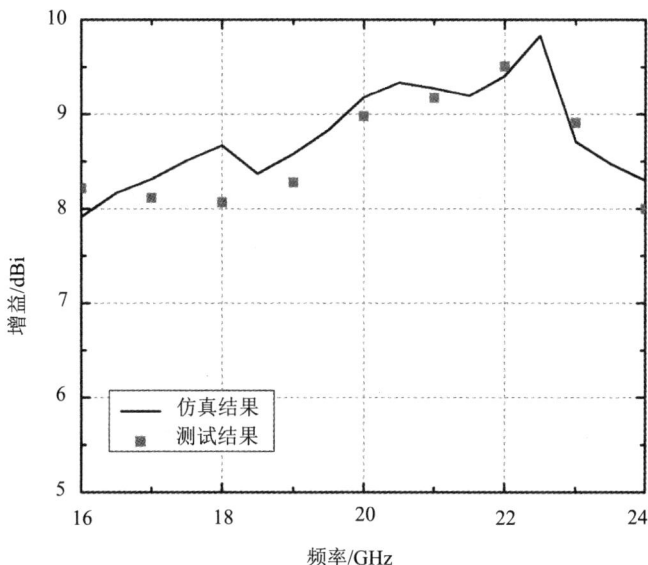

图 2-10　SIW 喇叭天线的仿真与实测增益

2.2　渐变共面波导馈电的宽带 SIW 喇叭天线

　　为了确保加载介质的匹配效果，介质的厚度往往要超过 $\lambda_0/6$，如上节实验中采用的基板厚度约为 $\lambda_0/4$。尽管这种方式能够有效地解决喇叭天线的阻抗匹配问题，但给馈电结构的设计带来挑战。SIW 结构的一个显著优势就是易与平面电路集成，当需要对 SIW 结构进行馈电时，通过微带、共面波导等平面过渡结构即可实现。然而当 SIW 的基板超过一定厚度时，采用上述过渡结构的馈电方式均表现出带宽窄、损耗高等缺陷，从而导致天线的整体性能下降。为了克服这一缺陷，我们采用金属波导这种体积大但性能好的馈电方式。然而，随着天线工作频段的提升，在保证天线性能的前提下，天线的体积至关重要。本节在保证 SIW 喇叭天线宽带特性的前提下，就厚基板中馈电的有效性问题展开研究，实现了天线整体结构的优化设计。

2.2.1　天线结构

　　如图 2-11 所示，本节介绍的天线由上下两层厚度均为 h 的基板构成。加载了空气孔的基板从 SIW 喇叭天线口径处延伸出来。不同于常规的接地共面波导(Grounded Coplanar Waveguide，GCPW)，本节介绍的馈电结构在两层基板中间额外地引入金属条带，与 GCPW 构成升地共面波导(Elevated Coplanar Waveguide，ECPW)馈电结构。简单来讲，ECPW 与 GCPW 结构的相似性在于两者均需要在最上层金属铜箔表面刻蚀缝隙，不同之处在于 ECPW 的中间层额外地引入了渐变过渡金属结构。为了保证馈电的有效性，用于测试的 SMA 接头要同时与上下表面金属铜箔相连。由于 SIW 的金属化通孔贯穿两层，因此 SMA 接头自然地与中间的渐变过渡金属相连。

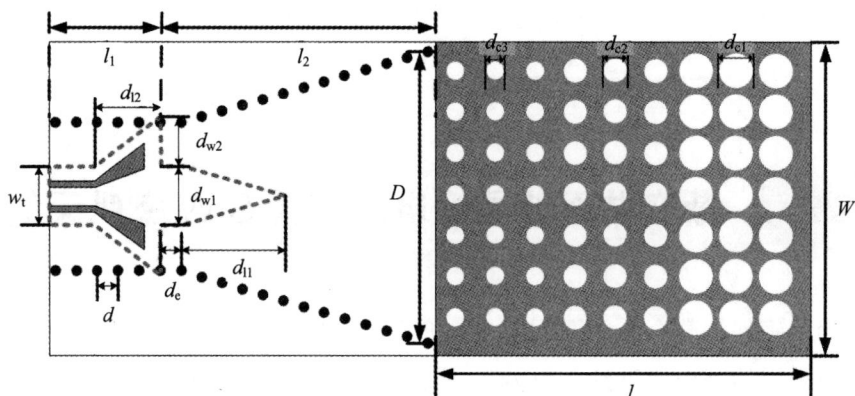

(a) 俯视图

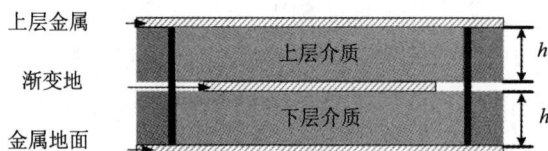

(b) 侧视图

图 2-11　ECPW 馈电的宽带 SIW 喇叭天线结构示意图

此外，为了实现能量从 ECPW 到双层介质的平滑过渡，过渡金属结构的末端加载了一个三角状的渐变结构。文献[34]中第一次提出将介质加载技术用于阻抗匹配。文献[39]指出在小于 $\lambda_0/6$ 厚度的基板中，介质加载技术起到的作用非常有限。因此，考虑到阻抗匹配效果以及可利用的商业基板，我们采用厚度为 $0.27\lambda_0$ 的基板。整个天线结构采用厚度为 2 mm、型号为 Arlon AD600 的基板加工，其介电常数为 6.15，损耗角正切值为0.003。

2.2.2　工作原理

文献[73]中给出了一种 GCPW 到 SIW 的超宽带过渡设计方案，如图 2-12(a)所示。图 2-12(b)为 ECPW 到 SIW 的过渡结构。

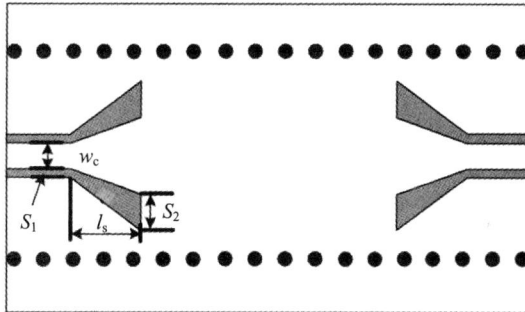

(a) 接地共面波导馈电

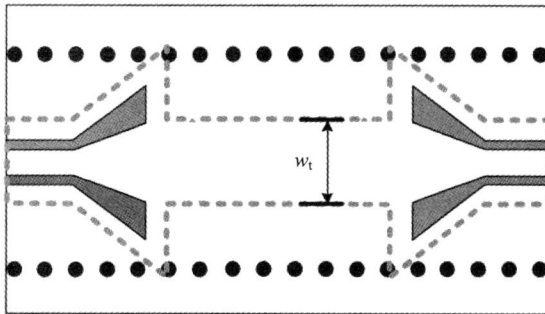

(b) 渐变地共面波导馈电

图 2-12　两种馈电结构对比

图 2-13 分别给出了不同厚度条件下 GCPW、ECPW 到 SIW 过渡结构的 S 参数。为了揭示 GCPW 到 SIW 过渡结构在厚基板中的局限性，将不同厚度下的 S 参数进行对比。可以发现，当基板相对较薄时，如 2 mm $(0.13\lambda_0)$，GCPW 到 SIW 过渡结构的传输效果比较理想且损耗低。而当基板厚度增加到 3 mm$(0.2\lambda_0)$或者更厚时，传输结构的阻抗匹配非常差且损耗高。为了克服这一缺陷，将如图 2-11 所示的 ECPW 结构用于厚 SIW 喇叭天线的馈电。此外，在三角状耦合缝隙的下面放置鳍形金属地以取得良好的过渡效果。正如图 2-13 中所示，通过对比 S 参数发现，4 mm 厚的 ECPW 到 SIW 过渡结构具有与 2 mm 厚的 GCPW 到 SIW 过渡结构相似的传输特性，从而验证了 ECPW 结构的有效性。

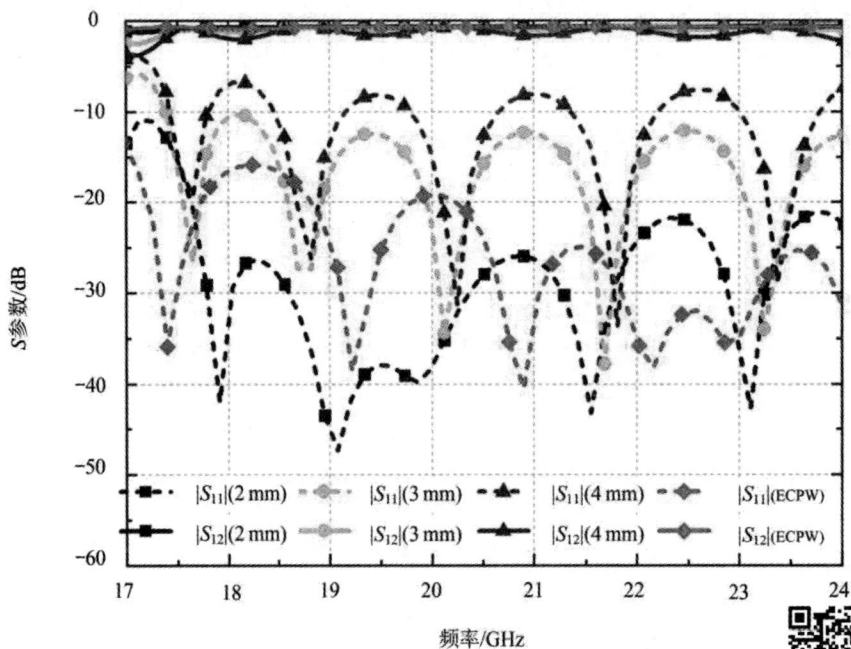

图 2-13　两种过渡结构的 S 参数曲线

当能量通过 ECPW 结构的过渡进入到 SIW 后，剩下的问题在于如何使能量从单层薄 SIW 有效地传输到双层厚喇叭天线中。为此，我们对三种常见的过渡结构(即矩形结构、圆形结构以及三角形结构)进行对比，如图 2-14 所示。

(a) 矩形结构　　　　　　　　　　　　　(b) 圆形结构

(c) 三角形结构

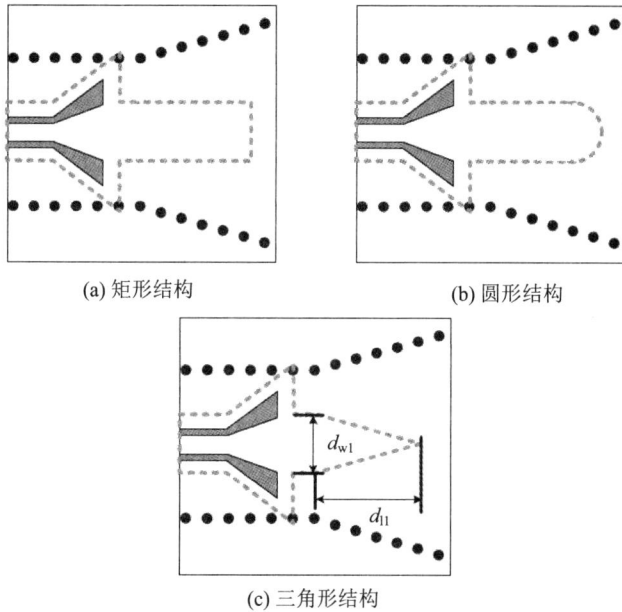

图 2-14　不同形状的过渡结构示意图

图 2-15 中给出了 SIW 喇叭天线采用不同过渡结构的反射系数。为了使结果具有可比性，所有的结构具有相同的起始宽度 d_{w1} 以及长度 d_{l1}。结果表明，在三种过渡结构中，三角形过渡结构能够实现最好的过渡效果。

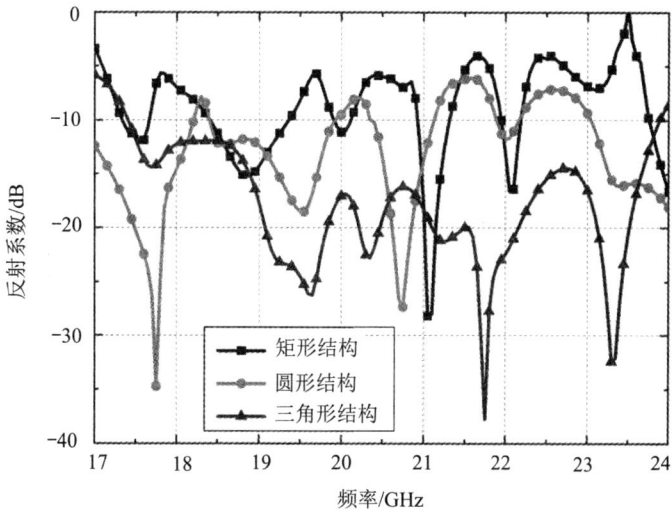

图 2-15　不同过渡结构的天线反射系数

图 2-16 中给出了 20 GHz 频率下不同横截面的电场渐变图。如图 2-16(a) 所示，在横截面 AA′处下层介质中几乎没有电场分布，而上层介质中的电场分布具有与 GCPW 相似的场分布模式；当渐变金属宽度逐渐减小时，如图 2-16(b)所示，下层介质中电场强度仍然较弱，而上层的电场表现出 SIW 的场分布模式；然而当渐变金属宽度远小于起始宽度 d_{w1} 时，如图 2-16(c)所示，下层介质中的电场分布明显增强；最终，当渐变金属逐渐消失后，在双层介质中形成了类似于 SIW 的场分布模式，如图 2-16(d)所示。因此，通过渐变金属的过渡作用，能量能够平滑地从薄 SIW 传输到厚辐射喇叭中。

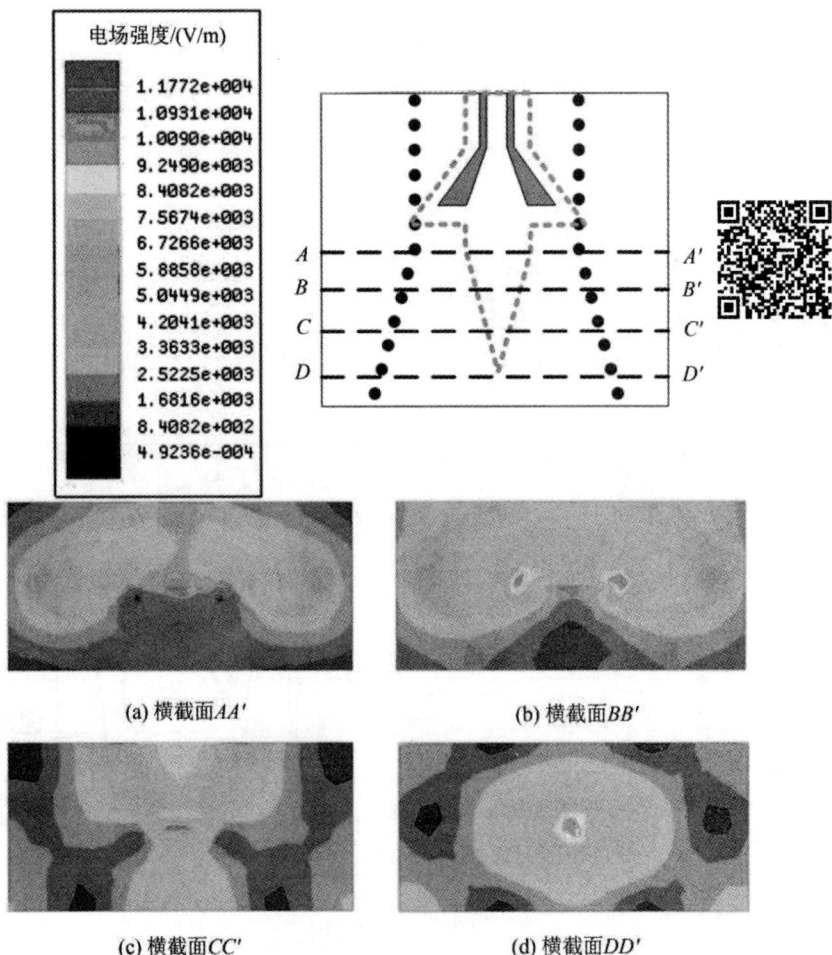

(a) 横截面 AA′

(b) 横截面 BB′

(c) 横截面 CC′

(d) 横截面 DD′

图 2-16　不同横截面的电场过渡示意图

图 2-17 中分析了 ECPW 尺寸对于天线阻抗匹配的影响。在鳍形地和过渡结构之间存在长度为 d_e 的矩形金属，它起到连接 ECPW 和渐变地的作用。通过优化这一结构的长度，能够保持 SIW 喇叭天线的宽带特性。

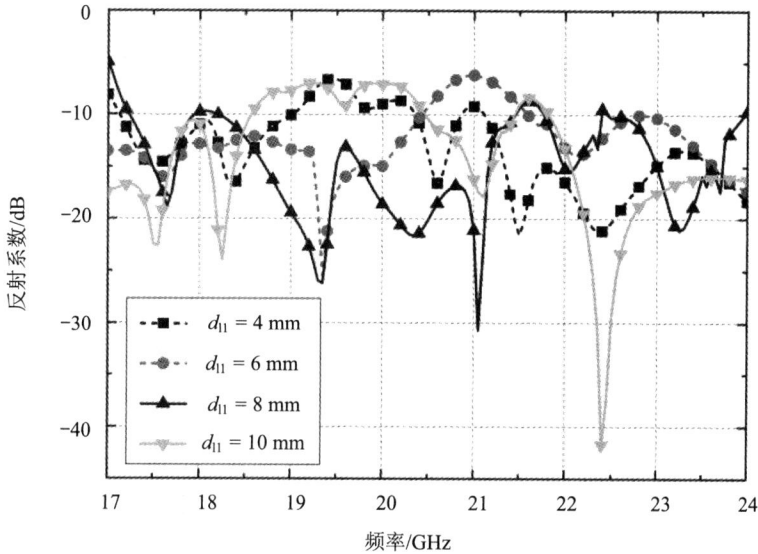

(a) 参数 d_{11} 对天线反射参数的影响

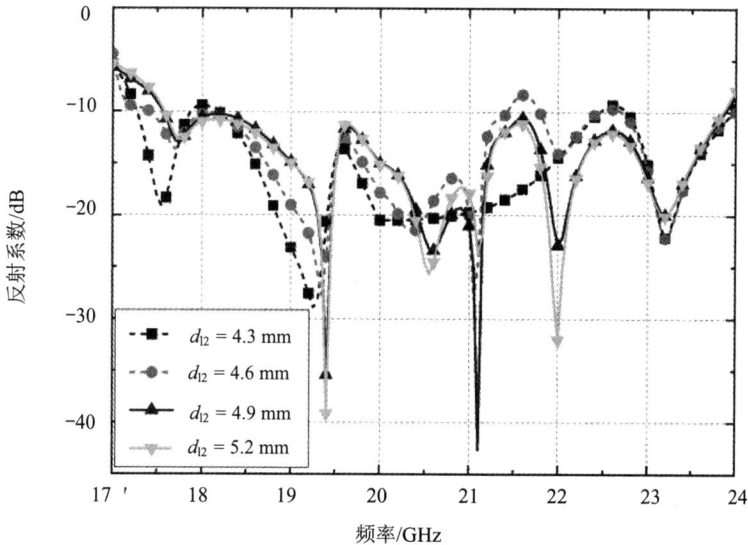

(b) 参数 d_{12} 对天线反射参数的影响

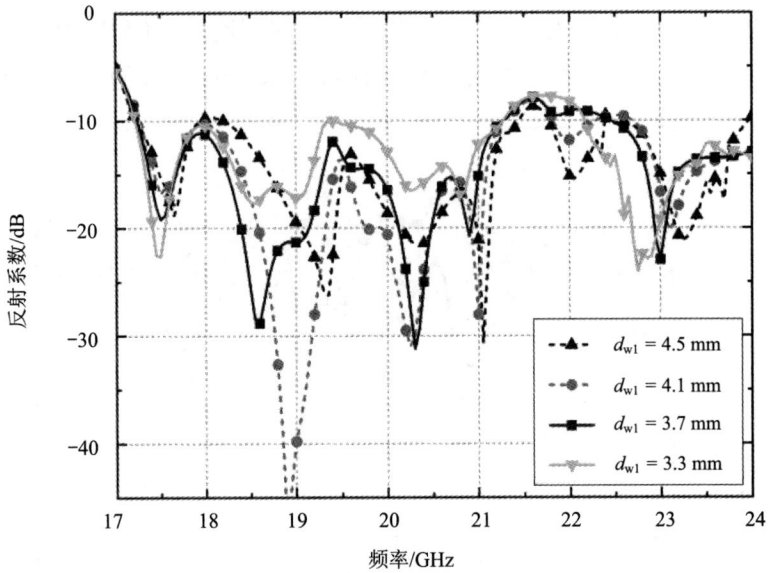

(c) 参数 d_{w1} 对天线反射参数的影响

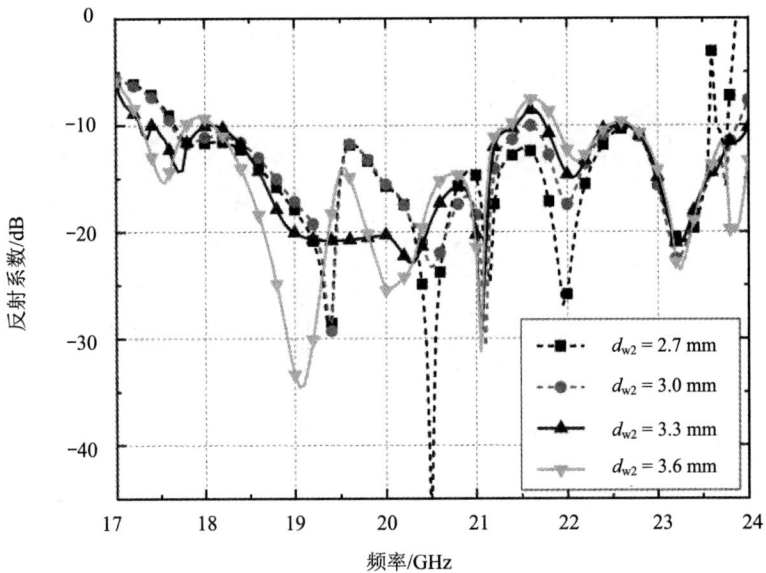

(d) 参数 d_{w2} 对天线反射参数的影响

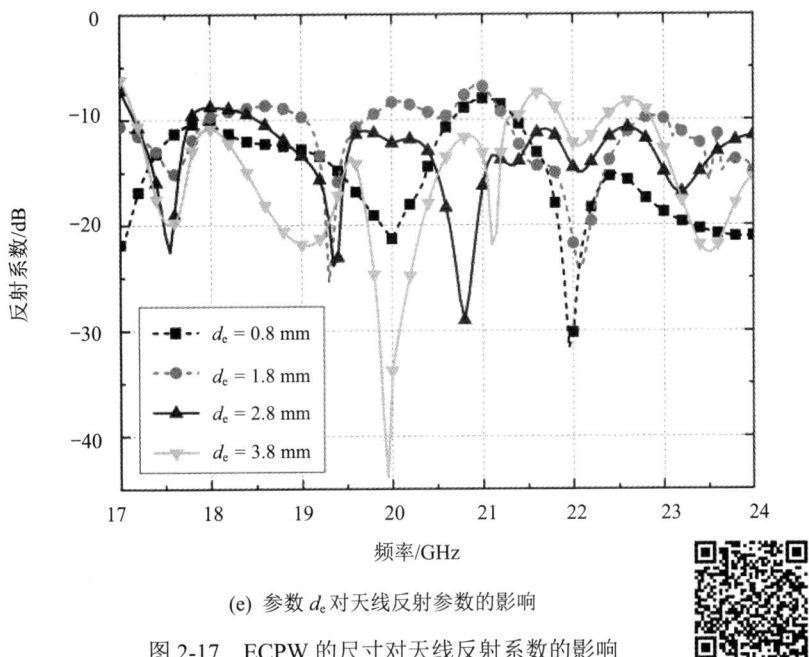

(e) 参数 d_e 对天线反射参数的影响

图 2-17　ECPW 的尺寸对天线反射系数的影响

　　根据图中结果可以归纳出，鳍形结构的物理尺寸与 ECPW 的耦合缝隙相比不能太大。另外，图中分别给出了反射系数随参数 d_{w1} 和 d_{l1} 的变化规律。观察可知，过渡结构的物理尺寸对喇叭天线的阻抗匹配具有非常显著的影响。当过渡结构的长度 d_{l1} 非常短时，如 $d_{l1} = 6\ mm$，在仿真频段范围内喇叭天线的阻抗匹配非常差。随着 d_{l1} 逐渐增大，喇叭天线的阻抗匹配有明显的改善。然而，d_{l1} 超过一定的值时，匹配效果反而会恶化。此外，当过渡结构的起始宽度 d_{w1} 接近于 ECPW 的宽度时，喇叭天线具有相对较好的阻抗匹配。

　　图 2-18 对比了不同加载结构对 SIW 喇叭天线阻抗匹配的影响。当 SIW 喇叭天线加载空气孔时，能够实现阻抗匹配的显著改善。然而，相较于采用波导馈电的喇叭天线，在厚介质中采用 GCPW 馈电具有非常差的阻抗匹配效果。当采用本节介绍的 ECPW 馈电时，能够保证 SIW 喇叭天线的宽带特性。值得一提的是，ECPW 中不加载过渡结构时，反射系数结果非常不理想，表明过渡结构在 ECPW 馈电结构中具有重要作用。

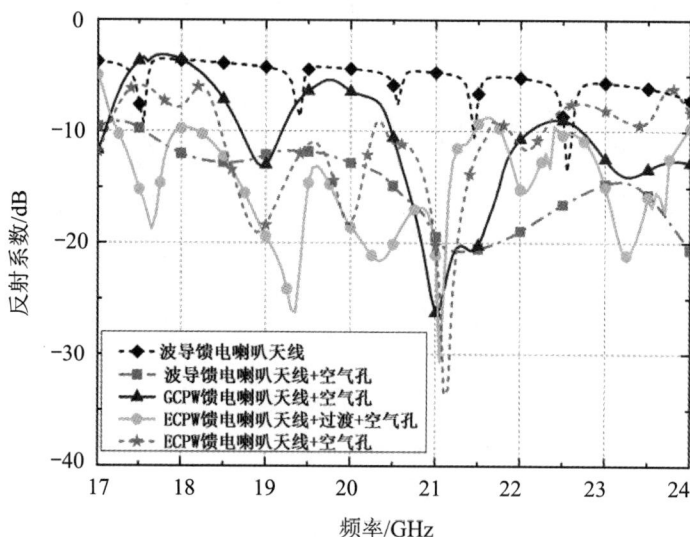

图 2-18   加载不同结构的 SIW 喇叭天线反射系数对比

$(l_1 = 10.2 \text{ mm}, \ l_2 = 18.2 \text{ mm}, \ l = 27 \text{ mm}, \ w_t = 4.5 \text{ mm}, \ D = 19.2 \text{ mm}, \ d_{c1} = 2.4 \text{ mm},$
$d_{c2} = 1.6 \text{ mm}, \ d_{c3} = 1 \text{ mm}, \ h = 2 \text{ mm}, \ d_{l1} = 8 \text{ mm}, \ d_{w1} = 4.5 \text{ mm}, \ d_{l2} = 3.8 \text{ mm},$
$d_{w2} = 3.1 \text{ mm}, \ d_e = 2.5 \text{ mm}, \ l_s = 4 \text{ mm}, \ S_1 = 0.3 \text{ mm}, \ S_2 = 2.4 \text{ mm}, \ w_c = 1.8 \text{mm})$

2.2.3   实验结果与讨论分析

使用仿真软件 HFSS 对天线结构进行优化,并对优化后的模型进行实物加工和性能测试。天线实物如图 2-19 所示。

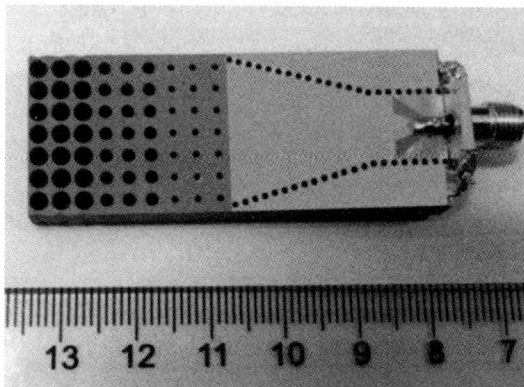

图 2-19   ECPW 馈电的 SIW 喇叭天线实物图

相比于上节的天线结构，本节的天线在馈电结构上实现了极大的简化，从而降低了整体的设计复杂度以及加工成本。整个天线尺寸为 22 mm × 56.5 mm × 4 mm，优化后的天线参数为：$l_1 = 10.2$ mm，$l_2 = 18.2$ mm，$l = 27$ mm，$w_t = 4.5$ mm，$D = 19.2$ mm，$d_{c1} = 2.4$ mm，$d_{c2} = 1.6$ mm，$d_{c3} = 1$ mm，$h = 2$ mm，$d_{l1} = 8$ mm，$d_{w1} = 4.5$ mm，$d_{l2} = 3.8$ mm，$d_{w2} = 3.1$ mm，$d_e = 2.5$ mm，$l_s = 3.8$ mm，$S_1 = 0.4$ mm，$S_2 = 2.6$ mm，$w_c = 1.9$ mm，$d = 0.8$ mm。

图 2-20 对比了采用 ECPW 馈电时 SIW 喇叭天线的仿真与测试反射系数。实测反射系数在 17.4～24 GHz 频段范围内均低于 −10 dB。由于仿真与测试的材料误差以及加工误差，仿真与测试结果存在一定的频率偏移。对于测试结果而言，当频率高于 24 GHz 后，仍然保持很好的阻抗匹配效果。当频率更高后，喇叭内产生高阶模式，导致远场辐射方向图紊乱。因此，该结构可利用的阻抗频段为 17.4～24 GHz。

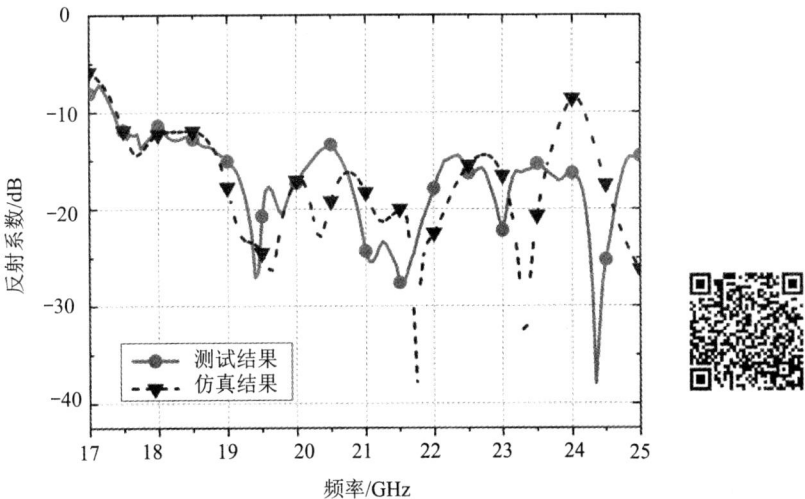

图 2-20　ECPW 馈电的 SIW 喇叭天线的仿真与测试反射系数

图 2-21 给出了 ECPW 馈电的 SIW 喇叭天线在三个不同频点的 E 面和 H 面的仿真与测试方向图。可以发现，天线具有稳定的端射方向图。需要注意的是，由于 ECPW 的耦合缝隙会不可避免地产生辐射，因此 E 面方向图是非对称的。此外，仿真与测试的波束宽度存在一定的差异，考虑到加工误差以及实验材料的参数偏差，这些误差是可以被接受的。

(a) 17.4 GHz、E面

(b) 17.4 GHz、H面

(c) 21 GHz、E面

(d) 21 GHz、H面

(e) 24 GHz、E面

(f) 24 GHz、H面

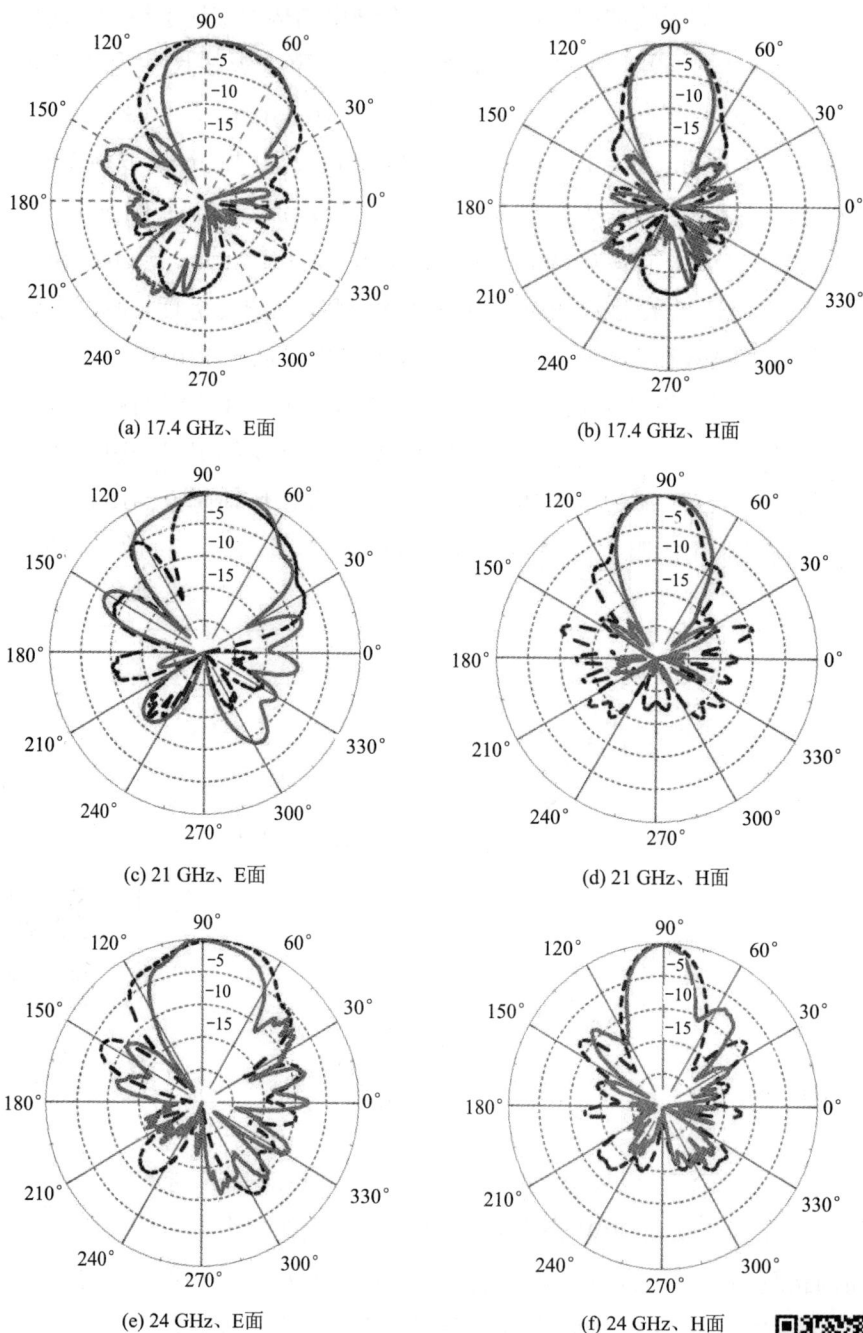

图 2-21　ECPW 馈电的 SIW 喇叭天线的仿真与实测方向图

(图中虚线代表仿真结果，实线代表实测结果)

图 2-22 给出了天线在最大辐射方向的增益和辐射效率。结果表明该天线实测增益不低于 8 dBi，且在整个频段范围内效率高于 55%。

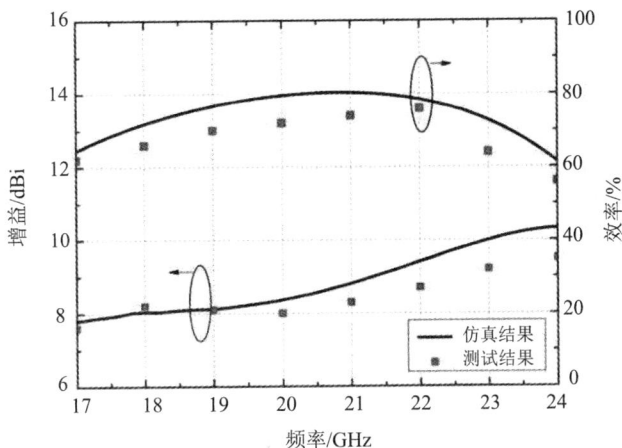

图 2-22　ECPW 馈电的 SIW 喇叭天线的仿真与实测增益和效率

2.3　宽带平面可集成 SIW 喇叭天线

就目前的技术而言，仅依赖于外部加载的手段破坏了 SIW 喇叭天线原有的封闭结构，使得该类天线无法与平台直接集成。文献[43]提出了一种平面可集成的 SIW 喇叭天线，然而多层馈电结构大大增加了天线的设计复杂度。文献[53]采用中空的结构实现了高达 90%的辐射效率，但是天线阻抗带宽不足 2%。

针对上述问题，本节重点介绍一种宽带低剖面且具有直接集成能力的半开放式 SIW 喇叭天线。通过引入半开放式的 SIW 喇叭天线，能够有效地改善 SIW 喇叭天线口径与自由空间的阻抗匹配。在半开放式 SIW 喇叭天线上加载等效介质超材料能够进一步实现宽带效果。

2.3.1　天线结构

本节介绍的宽带平面可集成 SIW 喇叭天线结构如图 2-23 所示。天线采用 1.575 mm 厚、型号为 Arlon AD600 的基板，其介电常数为 6.15，损耗角正切值为 0.003。将 50 Ω 的 GCPW 结构加载在 SMA 接头与输入 SIW 之间以实现良好的过渡。SIW 的上层宽壁以等腰三角形的形状逐渐剥离，经过长度 l_1 的过渡后，三角形的底边宽度 w_2 与 SIW 的口径宽度 w_1 相同，如图 2-23(b)所示。然后一个半开放式的喇叭直接与该馈电结构相连，喇叭的长度为 l_2，张角为 α。该半开放式喇叭上加载了六排周期为 a 的空气孔，其直径分别为 d_1、d_2 和 d_3。

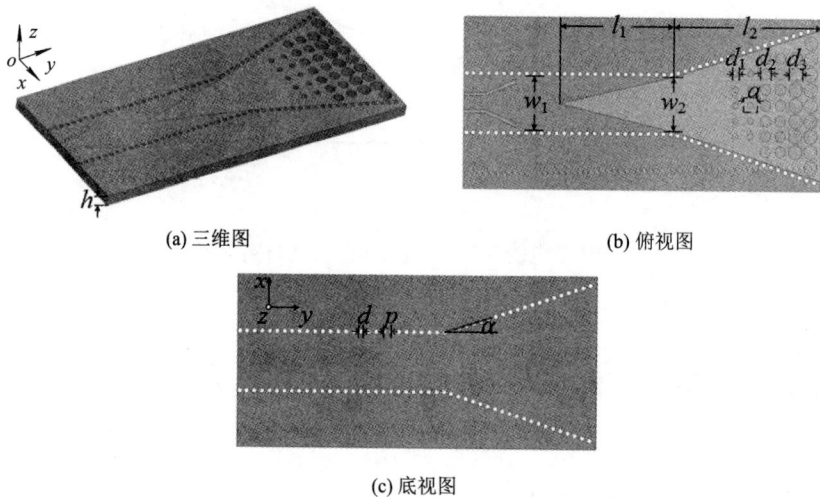

(a) 三维图   (b) 俯视图

(c) 底视图

图 2-23　天线结构示意图

2.3.2　工作原理

为了解决低剖面 SIW 喇叭天线的阻抗匹配问题，我们采用一种单边宽壁剥离技术。这个技术需要满足两个前提条件：第一，为了实现 SIW 到自由空间的宽带过渡效果，宽壁必须以渐变的形式从 SIW 中剥离；第二，当宽壁剥离后，必须保证端射辐射特性。基于以上两点要求，我们首先分析 SIW 到半开放式 SIW 的过渡结构。

图 2-24 给出了 SIW 到半开放式 SIW 的背对背传输结构。通过长度 l_1 的渐变后，SIW 的上层宽壁完全剥离，半开放式 SIW 的长度设置为 $l_2 = 15$ mm。通过计算 S 参数随介电常数 ε_r、介质厚度 h 以及过渡长度 l_1 的变

化规律来研究 SIW 到半开放式 SIW 的传输特性。首先，如图 2-25、图 2-26 所示，当传输结构采用高介电常数的厚基板时，能够实现低反射、低辐射损耗的有效传输。其次，如图 2-27 所示，过渡长度越长，反射系数越小。基于上述两个规律，可以设计具有理想传输效果的半开放式 SIW 传输结构。然而需要注意的是，当基板较厚或介电常数较高时，会对馈电结构的设计产生很大的挑战，例如阻抗带宽受限、不易与平面电路集成等。最终考虑到宽带特性、端射辐射特性、可利用的基板以及馈电的复杂度，我们采用厚度为 1.575 mm、介电常数为 6.15 的 Arlon AD600 基板。

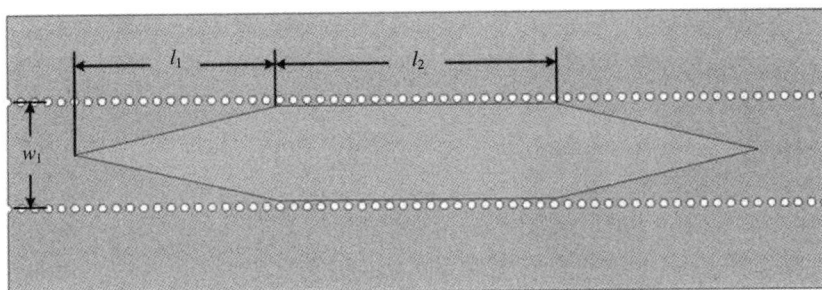

图 2-24　SIW 到半开放式 SIW 的背对背传输结构

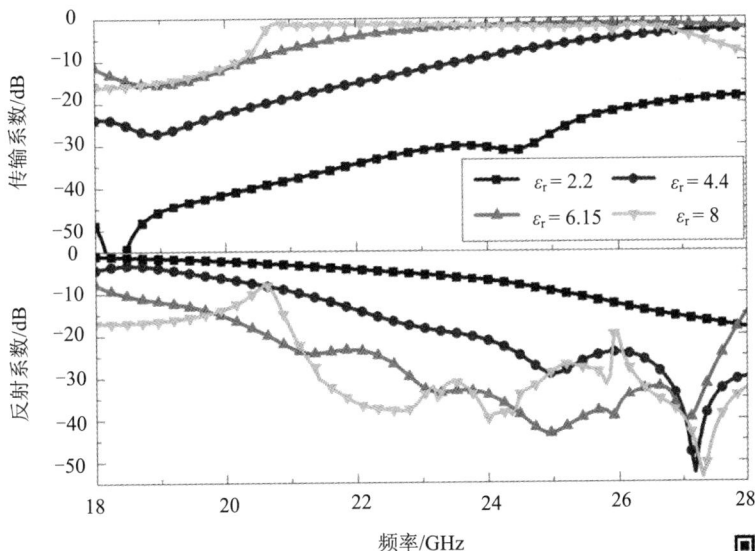

图 2-25　S 参数随介电常数 ε_r 的变化曲线

($w_1 = 7$ mm，$l_1 = 15$ mm，$l_2 = 15$ mm，$h = 1.5$ mm，$\tan\delta = 0.003$)

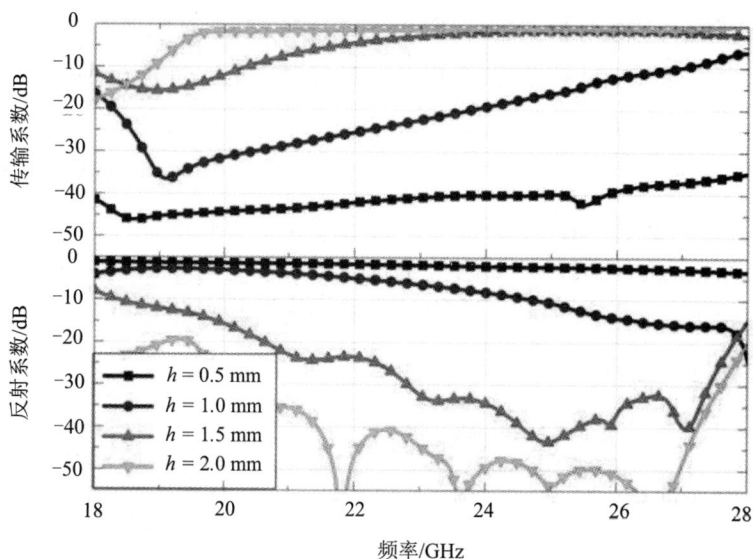

图 2-26 S 参数随高度 h 的变化曲线

($w_1 = 7$ mm，$l_1 = 15$ mm，$l_2 = 15$ mm，$\varepsilon_r = 6.15$，$\tan\delta = 0.003$)

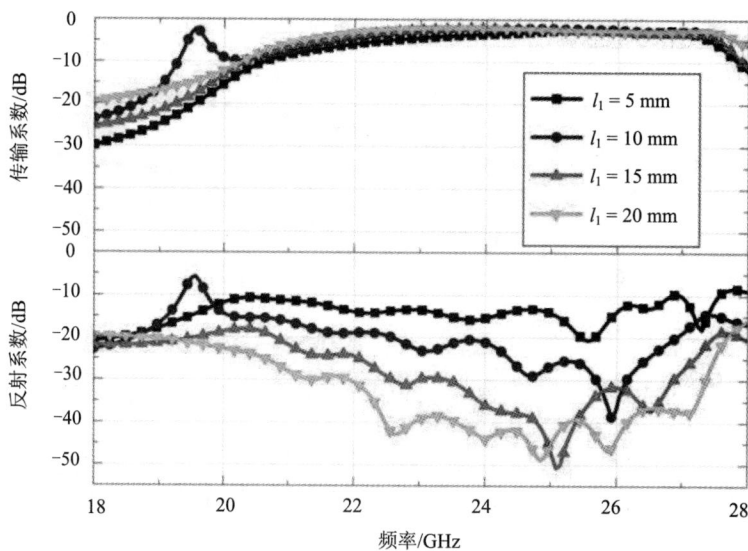

图 2-27 S 参数随过渡长度 l_1 的变化曲线

($w_1 = 7$ mm，$l_2 = 15$ mm，$h = 1.5$ mm，$\varepsilon_r = 6.15$，$\tan\delta = 0.003$)

　　基于上述过渡结构，将半开放式的喇叭直接与半开放式的 SIW 连接以实现喇叭天线的设计。

　　图 2-28 对比了无剥离和有剥离宽壁 SIW 喇叭天线的反射系数。对于常规的 SIW 喇叭天线，其阻抗匹配非常差。当采用宽壁剥离技术后，阻抗匹配取得了明显的改善，反射系数的幅度在整个仿真频段范围内都降到 -6 dB 以下。

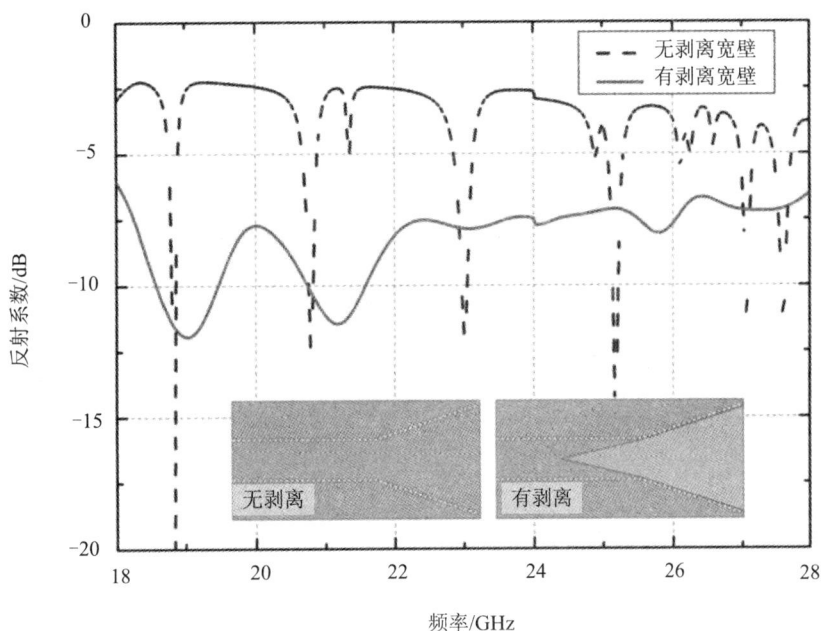

图 2-28　有剥离宽壁与无剥离宽壁 SIW 喇叭天线的反射系数对比图

($w_1 = 7$ mm，$w_2 = 7$ mm，$l_1 = 15$ mm，$l_2 = 20$ mm，$h = 1.575$ mm，$\alpha = 18°$)

　　为了解释阻抗匹配显著改善的原因，图 2-29 给出了两种不同结构的输入阻抗。对于常规的 SIW 喇叭天线，其输入阻抗虚部达到近 200 Ω，而实部甚至超过 300 Ω，这一结果导致了喇叭天线与自由空间的严重失配。当宽壁逐渐剥离以构成半开放式喇叭天线后，输入阻抗的实部和虚部都明显地降低了，因此在设计频段范围内阻抗匹配得到显著改善。

　　图 2-30 给出了半开放式喇叭天线在三个频点的电场分布情况。从图中可以清楚地观察到，半开放式喇叭天线能够将部分介质导波逐渐转化成表面波。此外，正如前面图 2-25 所示，当前选用的介质($\varepsilon_r = 6.15$，$h = 1.5$ mm)会

导致在低频处(18 GHz)产生相对较高的辐射损耗,这一事实被图 2-30(a)中频点相对其他两个频点[图 2-30(b)、图 2-30(c)]较强的表面波分布所验证。这一现象会导致主瓣偏移端射方向,在低频处尤为明显。

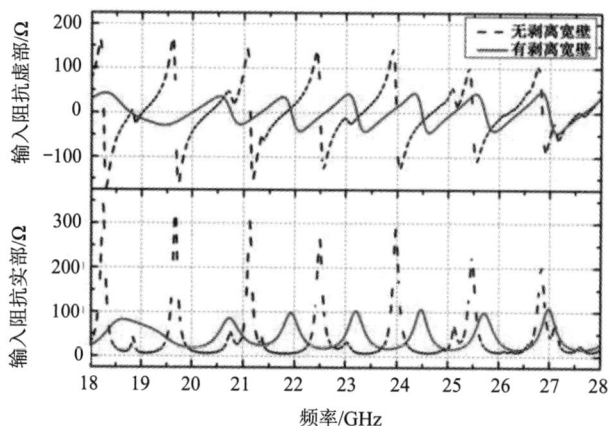

图 2-29　有剥离宽壁与无剥离宽壁 SIW 喇叭天线的输入阻抗对比图

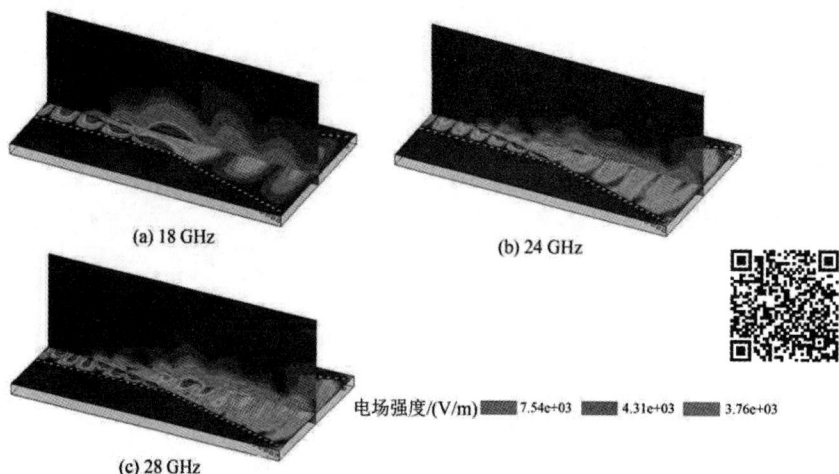

(a) 18 GHz

(b) 24 GHz

(c) 28 GHz

电场强度/(V/m)　7.54e+03　4.31e+03　3.76e+03

图 2-30　半开放式喇叭天线在介质与自由空间中的电场分布图

当上层宽壁剥离后,部分能量以表面波的形式在喇叭外传播,因此能够使喇叭天线的阻抗匹配得到显著改善。不过对于 $|S_{11}| < -10$ dB 的指标而言,目前的阻抗匹配效果仍然不是很理想。为了进一步提高阻抗匹配效果,需要对半开放式喇叭天线进行改进。

图 2-31 对比了不同阶空气孔对应的天线仿真反射系数和增益。可以看

出，采用多阶空气孔加载技术时能够实现宽带效果，从而验证了空气孔加载技术的可行性。

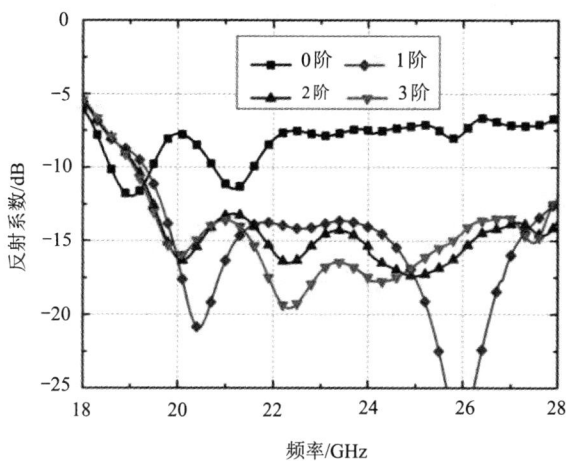

(a) 反射系数

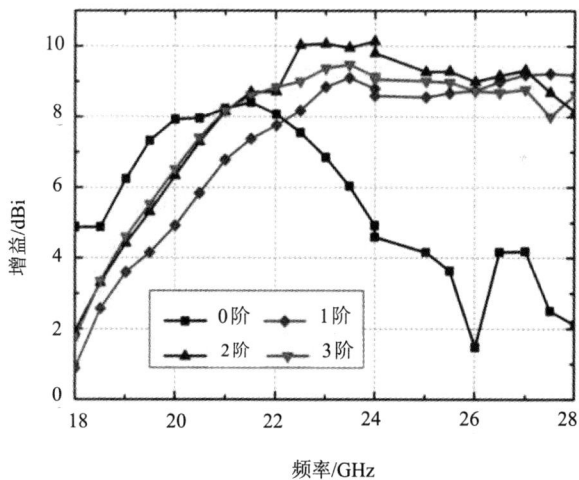

(b) 增益

图 2-31　半开放式喇叭天线反射系数和增益随空气孔阶数的变化规律

($w_1 = 7$ mm，$w_2 = 7$ mm，$l_1 = 15$ mm，$l_2 = 20$ mm，$h = 1.5$ mm，$a = 2$ mm，$\alpha = 18°$，

一阶空气孔半径 $r_{11} = 0.9$ mm，二阶空气孔前三排半径 $r_{21} = 0.4$ mm，

二阶空气孔后三排半径 $r_{22} = 0.7$ mm，三阶空气孔前两排半径 $r_{31} = 0.4$ mm，

三阶空气孔三、四排半径 $r_{32} = 0.7$ mm，三阶空气孔五、六排半径 $r_{33} = 0.9$ mm)

图 2-32 给出了天线方向图随空气孔阶数变化的曲线。当加载 1 阶空气孔时，边射电平仅比主瓣低 5 dB。事实上，当采用 1 阶空气孔加载技术时，在喇叭天线原始介质与空气孔加载介质之间存在着不连续性，因此部分能量直接沿着边射方向泄漏出去，导致在边射方向出现较高的副瓣。当采用多阶空气孔后，这一不连续性逐渐降低，旁瓣电平降到 −13 dB 以下。

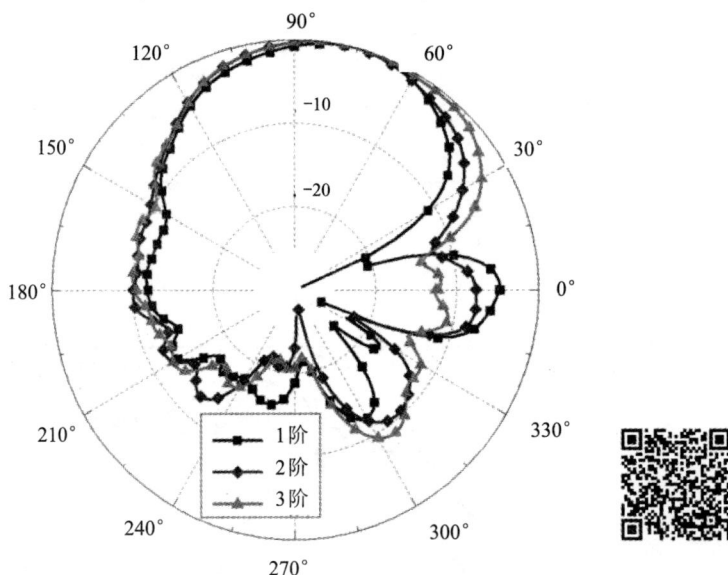

图 2-32　半开放式喇叭天线 E 面远场方向图随空气孔阶数的变化规律

2.3.3　实验结果与讨论分析

基于上述分析，我们运用仿真软件 HFSS 对参数进行优化并进行实物加工。天线对应的参数为：$l_1 = 14.7\ \text{mm}$，$l_2 = 19.8\ \text{mm}$，$w_1 = 7.6\ \text{mm}$，$w_2 = 7.6\ \text{mm}$，$d_1 = 0.8\ \text{mm}$，$d_2 = 1.4\ \text{mm}$，$d_3 = 1.8\ \text{mm}$，$a = 2\ \text{mm}$，$\alpha = 18°$，$d = 0.6\ \text{mm}$，$p = 1\ \text{mm}$，$h = 1.575\ \text{mm}$。实测天线直接放置在一个铝制金属平台上。

图 2-33 中对比了天线的仿真与实测反射系数，在 19.1～27.4 GHz 的频段范围内，实测反射系数小于 −10 dB，相对阻抗带宽约 35.7%。

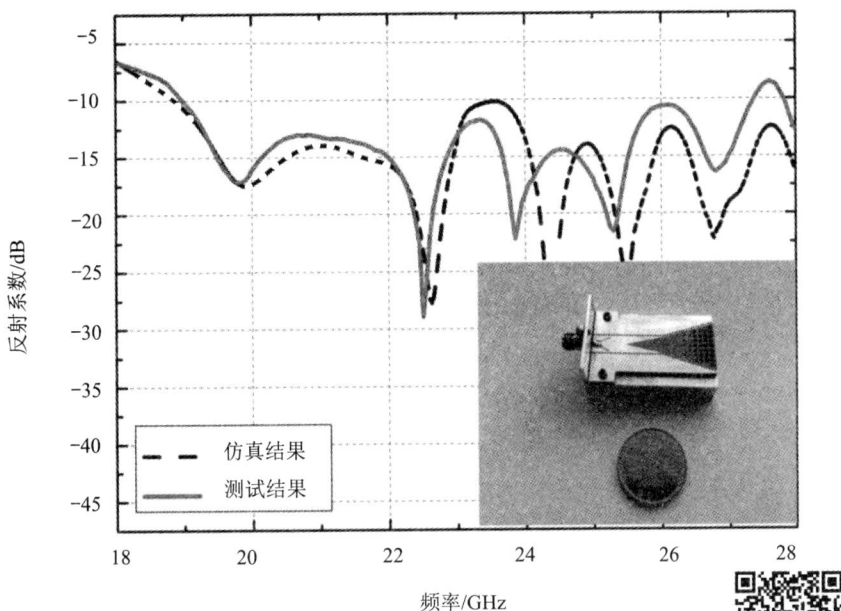

图 2-33　天线的仿真与测试反射系数

本节提出的天线在 E 面和 H 面的仿真与辐射方向图如图 2-34 所示。在 E 面，当频率逐渐升高时，主瓣偏移端射方向的角度逐渐减小；在 H 面，在整个频段范围内具有稳定的端射辐射方向图，且主瓣随着频率的升高而逐渐变窄。此外，在整个频段范围内，主瓣方向的交叉极化电平高于 $-20\,\text{dB}$。

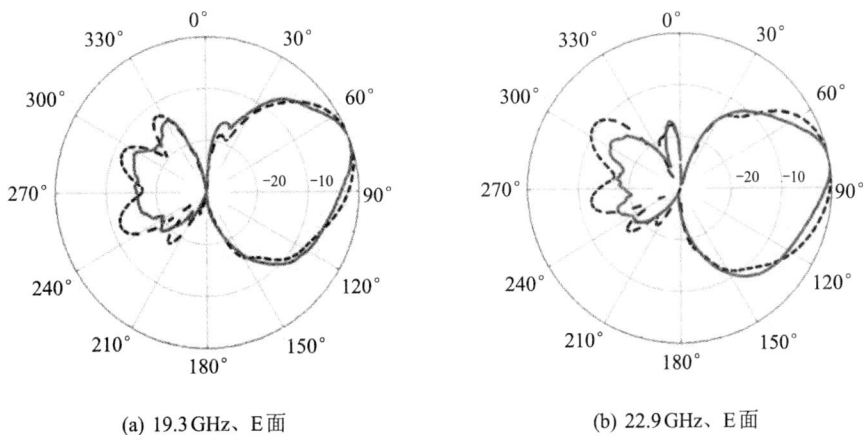

(a) 19.3 GHz、E 面

(b) 22.9 GHz、E 面

(c) 26.6 GHz、E面

(d) 19.3 GHz、H面

(e) 22.9 GHz、H面

(f) 26.6 GHz、H面

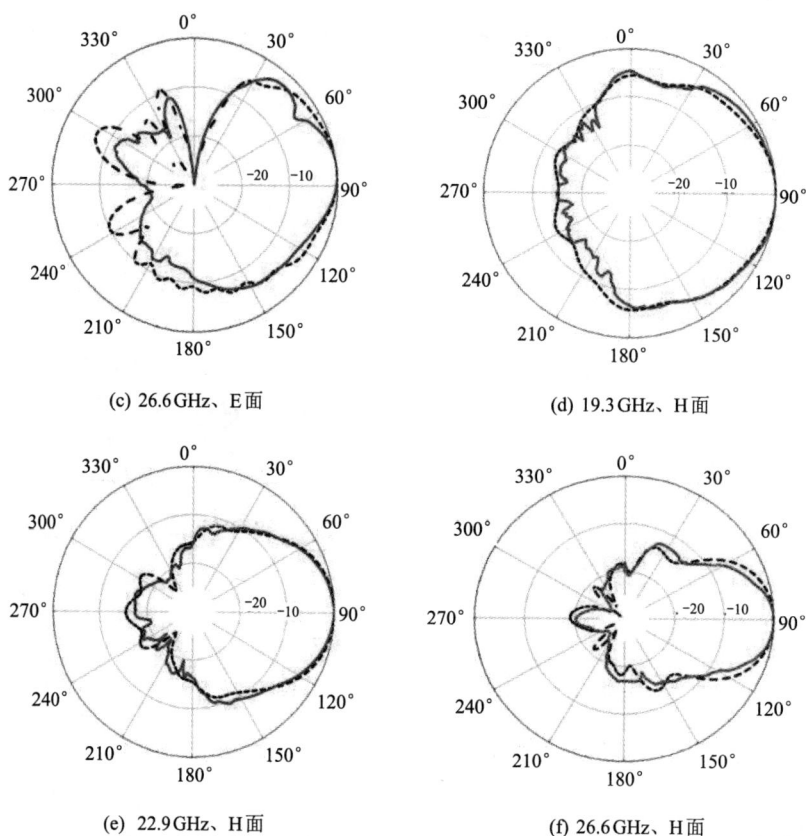

图 2-34　天线的仿真与测试方向图

(图中虚线代表仿真结果，实线代表测试结果)

图 2-35 给出了天线的仿真与实测端射增益。天线的实测增益为 8.9 dBi，3 dB 增益带宽为 31.8%，覆盖 19.3～26.6 GHz 的频段范围。在低频段(频率小于 20 GHz)，由于半开放式 SIW 的辐射损耗较高(如图 2-25 所示)，端射增益相对较低；在高频段(频率高于 26 GHz)，超出 GCPW 工作范围而引入的高阶模式导致端射辐射特性变差。

表 2-2 中对比了几种 SIW 喇叭天线的尺寸参数与性能。尽管文献[34] [35][40][74][75]有效地展宽了 SIW 喇叭天线的阻抗带宽，但缺少对平面可集成性的设计。文献[43]中设计的 SIW 喇叭天线不仅具有宽带特性而且易于平面集成，但是设计过程非常复杂。文献[53]提出了一种空气填充的 SIW 喇叭天线，这种喇叭天线的辐射效率很高且具有平面可集成性，但是

阻抗带宽非常窄。相比较而言，本节所介绍的 SIW 喇叭天线具有宽带、低剖面，以及结构简单、平面可集成性好的特点，因此是毫米波端射天线的良好选择。

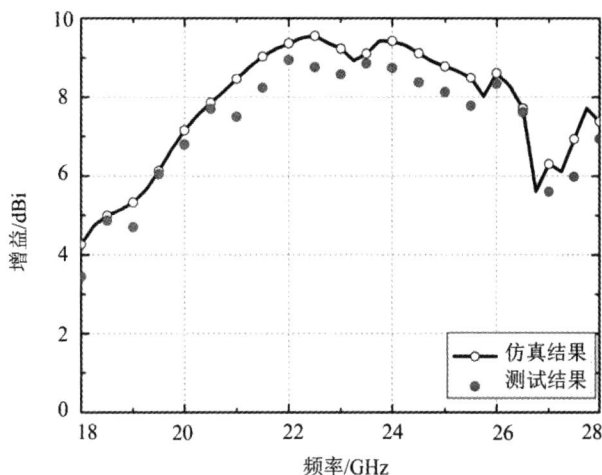

图 2-35　天线的仿真与测试增益

表 2-2　几种代表性 SIW 喇叭天线的性能对比

SIW 喇叭天线种类	相对带宽/% ($|S_{11}| < -10$ dB)	厚度(与 λ_0 的数量关系)	平面可集成性	设计复杂度
文献[34]中的 SIW 喇叭天线	≈ 12	0.18	非直接	低
文献[35]中的 SIW 喇叭天线	≈ 1.8	0.23	非直接	低
文献[40]中的 SIW 喇叭天线	≈ 16	≈ 0.1	非直接	低
文献[43]中的 SIW 喇叭天线	≈ 93	0.13	好	高
文献[53]中的 SIW 喇叭天线	≈ 2	NA	好	高
文献[74][75]中的 SIW 喇叭天线	≈ 40	≈ 0.3	非直接	低
本节提出的 SIW 喇叭天线	39.3	0.12	好	低

本 章 小 结

本章针对 SIW 喇叭天线阻抗带宽过窄的问题，围绕等效介质超材料加载技术，介绍了加载等效不均匀超材料的宽带喇叭天线的设计与实现方法。其中主要工作及成果有：① 采用等效不均匀介质加载的新型方案，并利用空气通孔技术保证了等效不均匀介质的平面化，使平面喇叭天线的阻抗带宽拓展到 40%以上；② 基于 ECPW 馈电结构，使得在较厚的 SIW 喇叭天线中采用平面馈电结构成为可能；③ 半开放式的 SIW 喇叭天线不仅有效地解决了平台可集成性问题，同时也使得该 SIW 喇叭天线具有宽带特性。

第 3 章　SIW 端射天线的小型化技术

　　本章将深入分析 SIW 喇叭天线中介质的导波作用，就如何设计小型化的 SIW 喇叭天线展开介绍。本章要介绍的小型化 SIW 端射天线，一方面能够实现带宽特性，另一方面其小型化的单元结构为天线阵的设计提供了可能性，从而能够有效地满足毫米波通信中对于天线高增益、多波束等辐射特性的需求。

3.1　导波与匹配共享的 SIW 喇叭天线

3.1.1　天线结构

　　导波与匹配共享的 SIW 喇叭天线结构如图 3-1 所示。

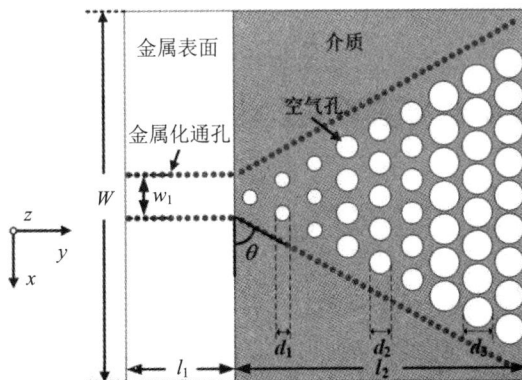

图 3-1　导波与匹配共享的 SIW 喇叭天线结构示意图

图 3-1 中，金属化通孔构成 SIW 喇叭天线的窄壁，其直径为 $d_v =$ 0.4 mm、孔距为 $p = 0.8$ mm。与常规 SIW 喇叭天线的不同之处在于，该喇叭天线的上下金属表面，即 SIW 的宽壁，从窄壁开始形成张角的地方完全剥离。为了进一步提升天线的辐射特性，我们沿着能量传播的方向加载了不同直径的空气孔。天线采用 4.3 mm 厚、型号为 FR-4 的基板，其介电常数为 4.4。

3.1.2　工作原理

图 3-2(a)中给出了介质加载喇叭天线的结构示意图。加载的介质能够起到阻抗转换的作用，这一过程可以通过特性阻抗的概念进行解释。

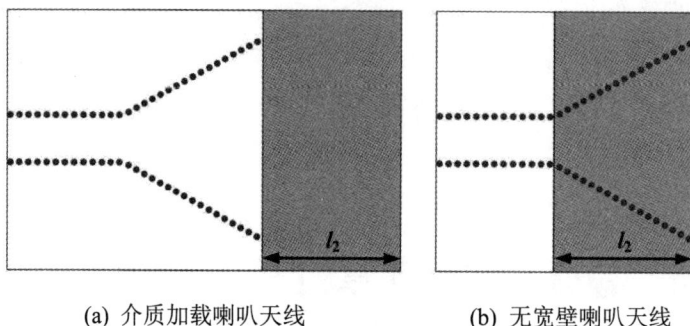

(a) 介质加载喇叭天线　　　　　(b) 无宽壁喇叭天线

图 3-2　两种 SIW 喇叭天线结构对比图

工作在 TE_{10} 模式的 SIW，其特性阻抗可表达为[76]

$$Z_{SIW0} = \frac{k\eta}{\beta} \frac{h}{w} \tag{3-1}$$

其中 w、h 分别代表 SIW 的宽度以及高度，k 代表波数，η 代表波阻抗，β 代表相移常数。由于 SIW 的特性阻抗远小于空气的特性阻抗，因此 SIW 口径与自由空间存在着严重的阻抗失配。当介质从 SIW 口径延伸出来后，从边界条件出发[77]，$\varepsilon_r E_1 = \varepsilon_0 E_2$ (其中 ε_0、ε_r 分别为空气和介质的介电常数，E_1 和 E_2 分别是介质和空气中的电场强度)，可以发现会有一部分能量在介质外传播。因此，对于延伸出来的介质，特性阻抗 Z_{10} 实际上可以等效为一个满足下式的并联阻抗[78]：

$$\frac{1}{Z_{10}} = \frac{m}{Z_{air0}} + \frac{n}{Z_{sub0}} + \frac{m}{Z_{air0}} \tag{3-2}$$

其中 m、n 是比例系数(m、n 应满足 $\dfrac{1}{m} + \dfrac{1}{n} + \dfrac{1}{m} = 1$),$Z_{air0}$ 代表空气的特性阻抗、Z_{sub0} 代表介质的特性阻抗。不难发现,$Z_{SIW0} < Z_{10} < Z_{air0}$。$m$、$n$ 的解析解难以得到,但是这一关系式定性地揭示了加载介质能够作为阻抗变换器的原因。

由于介质加载喇叭天线的阻抗匹配改善得益于 SIW 到介质的过渡结构,因此在馈电 SIW 的末端直接加载一个 SIW 到介质的过渡结构,如图 3-2(b)所示。宽壁剥离的介质不仅能起到导波的作用,而且能起到阻抗变换器的作用,从而实现天线尺寸的大幅缩减。

图 3-3 提取了 22 GHz 频率下两种 SIW 喇叭天线在加载介质的中心沿 z 轴方向的电场分布。如图 3-3 所示,尽管电场幅度不一,但是两个电场分布具有相同的趋势。在介质-空气分界面产生了更强的电场强度,这一现象与边界条件是一致的。在远离介质区域的方向,电场强度近似服从负指数分布,证明在介质表面新产生的电磁波是表面波[79]。

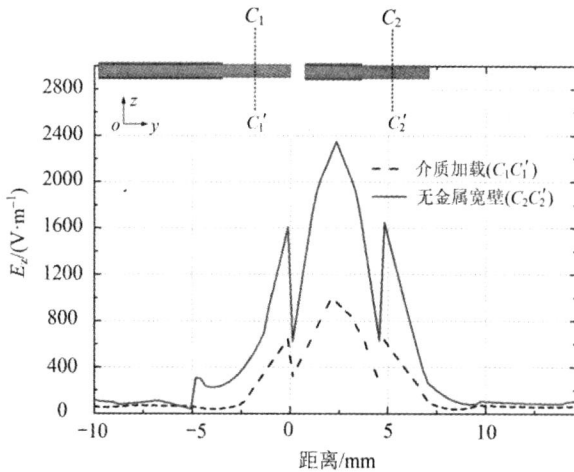

图 3-3　加载介质的中心沿 z 轴方向的电场强度对比图

(0~4.3 mm 的区域为介质,其余区域为自由空间)

此外,当 SIW 到介质的过渡结构直接加载到 SIW 的口径处时,还能带来另外一个有益特性。根据式(3-1),可以得出 SIW 的特性阻抗随 SIW 宽度的减小而增大。如上所述,对于延伸的介质,其特性阻抗可以认为是一个恒定的值。无金属宽壁 SIW 喇叭天线的口径更窄,对应的特性阻抗更大，因此相比于介质加载的喇叭天线，其阻抗匹配更好。

图 3-4 中对比了三种天线的反射系数和端射增益。本节介绍的 SIW 喇叭天线具有更好的阻抗匹配和更高的总体端射增益，从而验证了上述分析的正确性。当窄壁进一步剥离后，在 SIW 口径上只剩下喇叭状的介质部分，整个结构转换成一个 SIW 馈电的介质喇叭天线。通过对比图中结果可知，由于介质边缘不可避免地产生能量泄漏，介质喇叭天线具有相对较低的辐射特性。

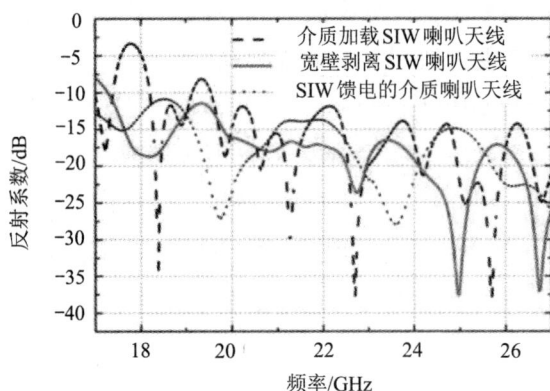

(a) 反射系数

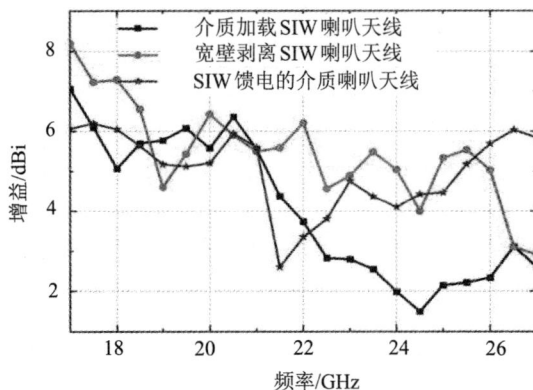

(b) 增益

图 3-4　三种不同 SIW 喇叭天线的反射系数与增益对比

图 3-5 中对比了三种 SIW 喇叭天线的口径效率，即常规的 SIW 喇叭天线，介质加载的 SIW 喇叭天线以及本节所介绍的喇叭天线。观察可知，

当 SIW 喇叭天线的口径上加载介质后，口径效率得到明显的提升。尽管实现了尺寸的大幅缩减，但无宽壁的 SIW 喇叭天线表现出与介质加载 SIW 喇叭天线相似的口径效率趋势。

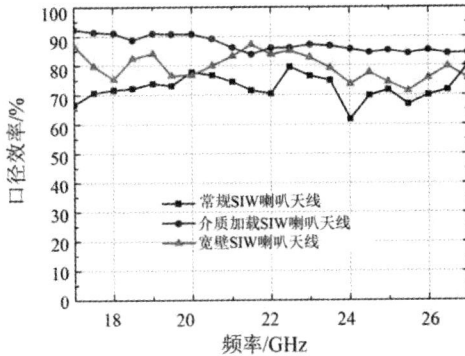

图 3-5　三种不同 SIW 喇叭天线的口径效率对比

由于金属壁的剥离，介质中能否维持 TE_{10} 主模模式有待确定。在天线的口径处进行模式分析，整个天线可以等效为一个二端口网络，端口 1 只输入 TE_{10} 模式的电磁波，端口 2 接收 6 个模式的电磁波，如图 3-6 所示。图 3-7 中给出了不同模式的传输结果，结果表明 TE_{10} 模式(对应于图中模式5)仍然是喇叭天线介质中的主模。

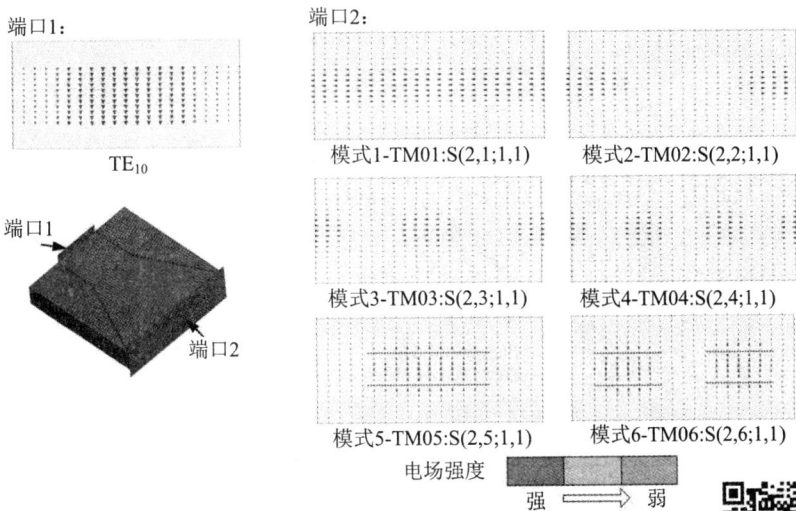

图 3-6　二端口网络定义模型以及端口场分布

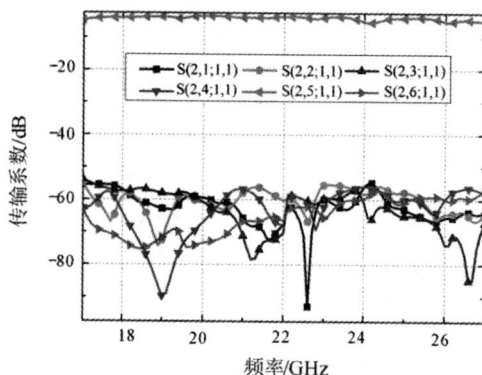

图 3-7　不同模式的传输结果

3.1.3　性能改进

图 3-8 对比了常规 SIW 喇叭天线与本节 SIW 喇叭天线的端射增益。常规喇叭天线的辐射特性表现出对相对高度(高度与工作波长之比，h/λ)的依赖性，当 h/λ 相对较小时(小于 $\lambda_0/4$)，口径处存在严重的阻抗失配，端射增益降到 0 dBi 以下。当 h/λ 逐渐升高，口径处的阻抗匹配有所改善。相反，本节介绍的 SIW 喇叭天线对相对高度的依赖性较低，因此能够在整个频段范围内保持比较平稳的端射增益。为了进一步提高天线的辐射特性，后文将在无宽壁介质上进行改进。

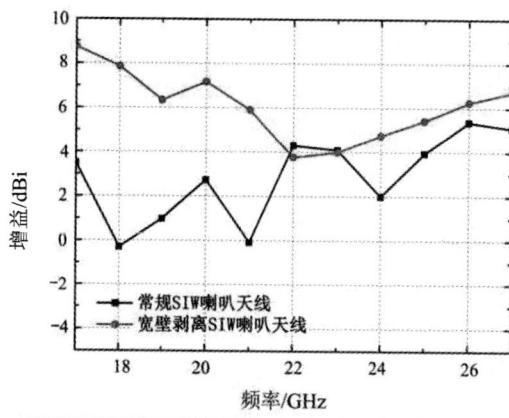

图 3-8　两种 SIW 喇叭天线的端射增益对比图

($l_1 = 10$ mm，$l_2 = 20$ mm，$w_1 = 10.6$ mm，$\theta = 25°$，$h = 4.3$ mm)

当能量即将从介质边缘辐射出去时，由于介质与空气的介电常数差，输入的能量部分会被反射回来，这一现象会严重地影响天线的辐射特性。因此，为了实现高辐射特性的 SIW 喇叭天线，一种理想的方案是在传播方向上设计具有渐变介电常数的不均匀介质。考虑到加工简易性和平面化结构，本节仍采用等效介质超材料加载技术。在设计中，周期结构的单元边长设为 3 mm。

如图 3-9 所示，该 SIW 喇叭天线的反射系数在整个频段范围内对过渡阶数的变化非常不敏感。正如上文所述，电磁波以两种形式在介质内外传播——介质中的导波和介质表面的表面波。一方面，由于存在着表面波模式的电场，SIW 喇叭天线具有与自由空间良好匹配的特性。因此反射系数对加载的空气孔非常不敏感。另一方面，对于在介质内部传播的电磁波，渐变的介质能够进一步降低反射并最终提升对端射辐射的贡献。正如图 3-9(b)所示，过渡阶数主要影响端射增益。当过渡阶数较少时，端射增益较低，特别是在高频处表现得尤为明显。当加载 3 阶渐变的介质时，天线的最小增益能够提高到 8 dBi。此外，高于 3 阶过渡的设计并没有带来明显的性能提升。因此，3 阶渐变介质是理想的选择并最终应用到天线的设计中。

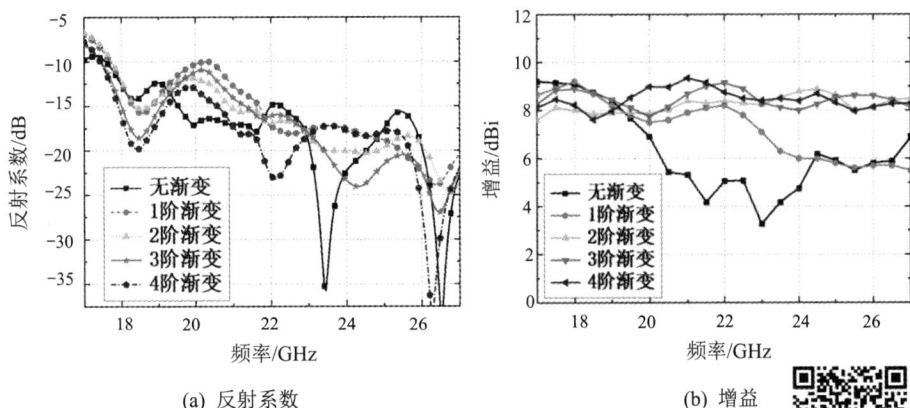

(a) 反射系数　　　　　　　　(b) 增益

图 3-9　过渡阶数对天线反射系数和增益的影响

($l_1 = 10$ mm，$l_2 = 20$ mm，$w_1 = 10.6$ mm，$\theta = 25°$，$h = 4.3$ mm)

当过渡阶数确定之后，通过优化结构参数(如长度 l_2 和张角 θ)能够实现天线辐射特性的进一步提升。SIW 喇叭天线的反射系数随结构参数的变化趋势如图 3-10 所示。由于天线本身具有与自由空间的良好匹配，因此喇叭天线的阻抗匹配对张角部分的变化并不敏感。然而，如图 3-11 所示，当张角从 15° 展宽到 25° 后，端射方向的最小增益能够提升至少 1 dBi，天线在整个频段范围内的增益不低于 7.8 dBi。此外，当喇叭的长度 l_2 设为 9 mm 时，天线在 21 GHz 频率以下的增益低于 6.3 dBi，在 17 GHz 甚至低至 4 dBi。增加介质长度能够从总体上增加天线的增益。事实上，通过增加介质长度和展宽张角，天线的有效辐射口径相应地扩展，因此能够实现辐射增益的提升。

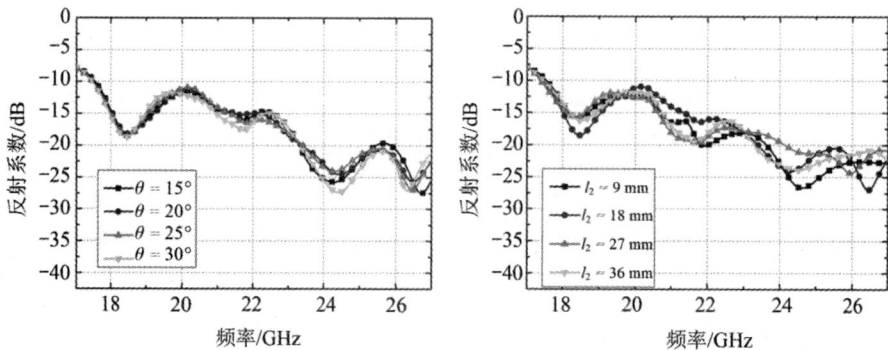

(a) 不同喇叭张角　　　　　　　　　(b) 不同介质长度

图 3-10　喇叭张角和介质长度对天线反射系数的影响

($l_1 = 10$ mm,　$w_1 = 10.6$ mm,　$h = 4.3$ mm)

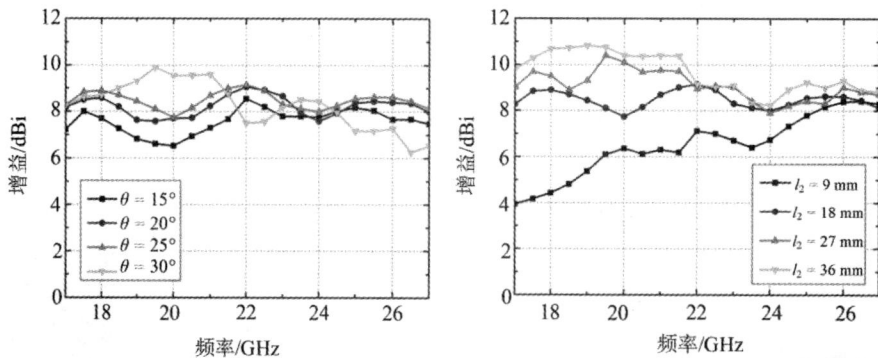

(a) 不同喇叭张角　　　　　　　　　(b) 不同介质长度

图 3-11　喇叭张角和介质长度对天线增益的影响

3.1.4　实验结果与讨论分析

通过使用仿真软件 HFSS 对天线尺寸进行优化，优化后的最终尺寸为 40 mm × 37 mm × 4.3 mm($2.94\lambda_0 \times 2.72\lambda_0 \times 0.32\lambda_0$。其中 λ_0 为自由空间波长)。具体参数为：$l_1 = 10$ mm，$l_2 = 29.5$ mm，$w_1 = 10.6$ mm，$d_1 = 1.4$ mm，$d_2 = 2$ mm，$d_3 = 2.8$ mm，$\theta = 25°$，$d_v = 0.4$ mm，$p = 0.8$ mm。天线实物如图 3-12 所示。为了便于天线测试，我们采用型号为 WR-42 的矩形波导进行馈电，波导的尺寸为 10.668 mm × 4.318 mm，工作频段覆盖 17.6～26.7 GHz。

图 3-12　天线实物图

图 3-13 对比了天线的仿真与实测反射系数结果。在 17.7～26.7 GHz 的频段范围内，实测反射系数均低于 −10 dB。此外，与之前的喇叭天线相比[74-75]，在没有引入附加结构的前提下，天线的阻抗带宽增加了 2 GHz。事实上，天线阻抗带宽刚好覆盖了馈电波导的阻抗带宽，这意味着波导的阻抗带宽制约了天线的阻抗带宽。然而，从现有的技术来看，这种馈电方式是最为有效的。

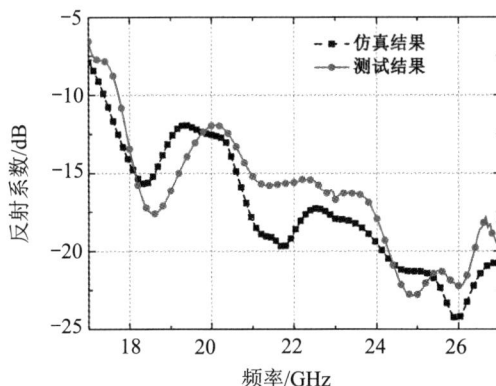

图 3-13　天线的仿真与实测反射系数

　　天线的远场辐射特性分别在图 3-14、图 3-15 中进行了说明。可以发现，天线的端射增益稳定在 8～9 dBi 之间，该天线在整个频段范围内具有非常稳定的端射辐射特性。此外，相较于传统的 H 面喇叭天线，该天线 H 面的波束宽度有所展宽，其主要原因在于表面波的辐射效应。同时，在采用无金属宽壁结构后，天线在整个频段的主瓣交叉极化电平都低于 −15 dB，这也从侧面说明了该方案的可行性。

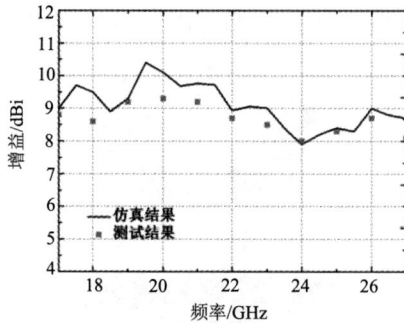

图 3-14　天线的仿真与实测增益

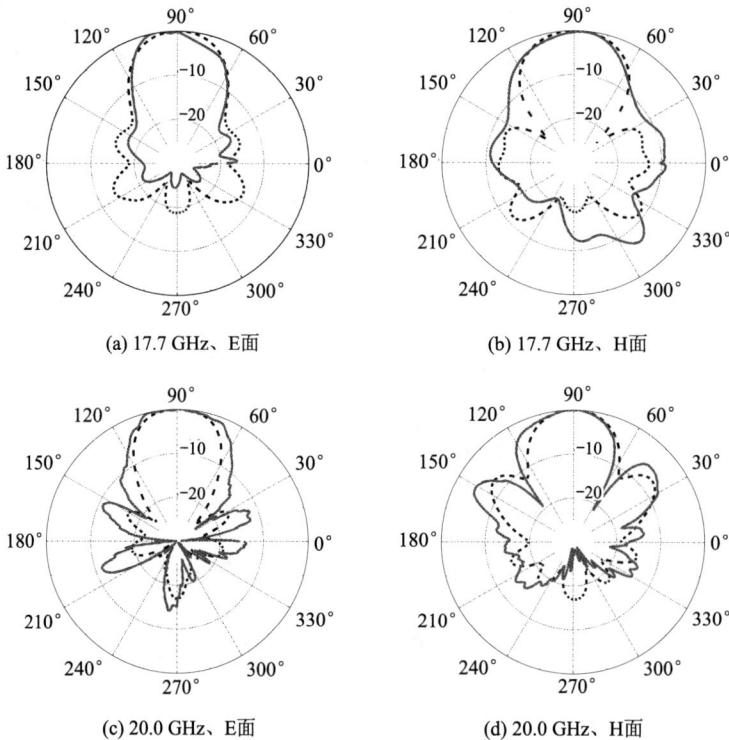

(a) 17.7 GHz、E面

(b) 17.7 GHz、H面

(c) 20.0 GHz、E面

(d) 20.0 GHz、H面

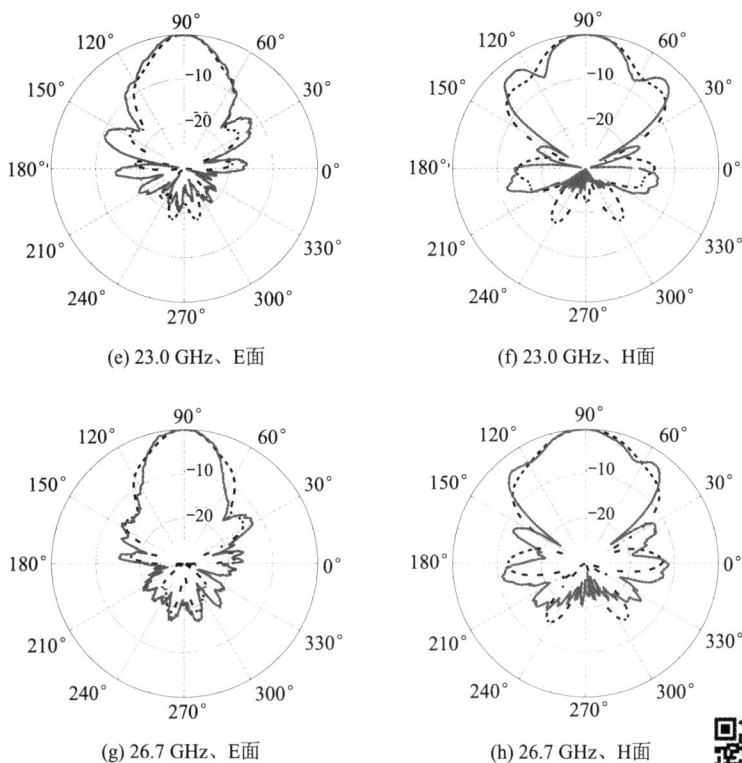

(e) 23.0 GHz、E面　　　　　　　　(f) 23.0 GHz、H面

(g) 26.7 GHz、E面　　　　　　　　(h) 26.7 GHz、H面

图 3-15　天线的仿真与实测远场方向图

(图中虚线为仿真结果，实线为测试结果)

　　总之，这种新颖的无金属宽壁的 SIW 喇叭天线，能够同时实现导波与阻抗匹配的作用，在无任何外部加载的情况下即可实现宽带喇叭天线的设计。此外，加载的等效介质超材料能够进一步提高天线的辐射特性。天线的尺寸为 40 mm× 37 mm× 4.3 mm($2.94\lambda_0 \times 2.72\lambda_0 \times 0.32\lambda_0$)，工作频段覆盖 17.7～26.7 GHz。在该频段范围内，天线的端射增益稳定在 8～9 dBi 之间。本节内容为小型化 SIW 喇叭天线的设计提供了一种新颖的实现方式。

3.2　具有等效渐变 E 面的平面 SIW 喇叭天线

　　SIW 喇叭天线起源于 H 面金属喇叭天线，它有效地降低了金属喇叭天线的剖面以及重量，在毫米波系统中有着广阔的应用前景。前人对 SIW 喇叭天线的研究可以大致分为两类，即基于厚基板和基于薄基板的两种方法。薄基板结构能够保持整个天线的低剖面特性；厚基板结构能够有效地提升 SIW 喇叭天线的性能。两类方法各有利弊，但本质上都属于 H 面喇叭天线的设计范畴。

逐渐增加金属波导的高度能够构造出另一类金属喇叭天线，即 E 面喇叭天线[80]。这类天线的性能依赖于口径高度的变化，具有一定的应用限制。因此设计平面化的 E 面喇叭天线具有一定的挑战性，但意义重大。

针对这一研究背景，在常规 E 面喇叭天线构造的启发下，本节介绍了一种具有等效渐变 E 面的 SIW 喇叭天线。首先，分析了 SIW 与无宽壁 SIW 的特性阻抗，为设计 SIW 到无宽壁 SIW 的过渡提供了指导方针；其次，为了使无宽壁 SIW 产生有效的辐射，在该结构上加载等效介质超材料以形成等效渐变剖面；最后，给出了基于优化的模型加工的实物图，并对比了仿真与测试结果。

3.2.1 天线结构

具有等效渐变 E 面的平面 SIW 喇叭天线结构如图 3-16 所示。整个天线结构可以通过三个步骤实现。首先，调整 SIW 的宽度 W 以保证主模 TE_{10} 模式的传播；其次，SIW 的宽壁部分剥离以形成长度为 L_2 的无宽壁 SIW 结构；最后，在无宽壁 SIW 结构上加载不同直径的空气孔以实现等效渐变剖面。为了验证仿真结果，所有的结构采用介电常数为 4.4、厚度为 4.3 mm 的基板加工。

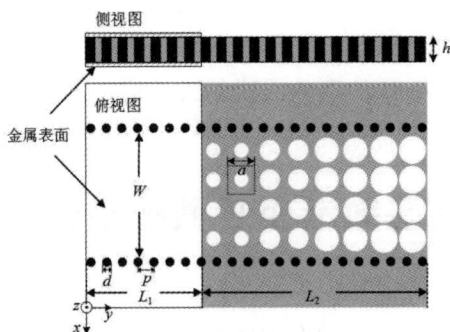

图 3-16　具有等效渐变 E 面的平面 SIW 喇叭天线结构示意图

3.2.2　工作原理

具有等效渐变 E 面的平面 SIW 喇叭天线结构中匹配介质直接加载到馈电 SIW 口径上，形成所谓的无宽壁 SIW 结构。无宽壁 SIW 结构不仅起到导波结构的作用，而且也起到阻抗转换的作用，从而有效地实现结构的小型化。该结构的辐射过程如图 3-17 所示。当金属壁剥离时，输入的电磁波被逐渐地转化为两种形式的波，即介质上下表面的表面波和无宽壁 SIW 中的介质导波。两种形式的电磁波都沿着端射方向传播，最终使该结构产生端射辐射特性。

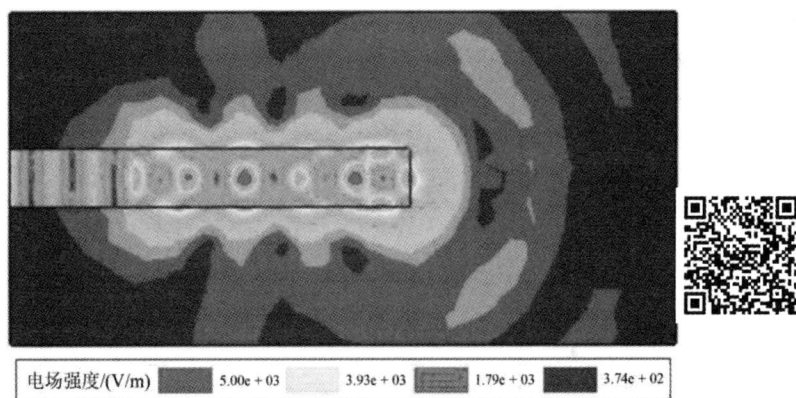

| 电场强度/(V/m) | 5.00e + 03 | 3.93e + 03 | 1.79e + 03 | 3.74e + 02 |

图 3-17　23.5 GHz 频率下 SIW 到无宽壁 SIW 的电场过渡侧视图

为了进一步实现类似于 E 面喇叭天线的几何构造，我们设计了介电常数递减的等效不均匀介质，如图 3-18 所示。

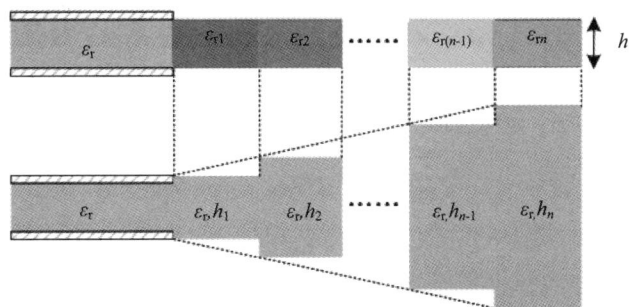

图 3-18　E 面喇叭天线的设计原理图

介质的等效高度与介电常数 ε_r 满足关系

$$h_{eq} \propto \frac{1}{\sqrt{\varepsilon_r}} \tag{3-3}$$

因此，通过设计介电常数递减的等效介质超材料，能够实现逐渐展宽无宽壁 SIW 剖面的效果。考虑到介质厚度、宽带特性等，我们采用空气孔加载技术实现这一等效过程。

图 3-19 中给出了天线在 23.5 GHz 频率下采用不同过渡阶数时的电场分布。当过渡阶数较小时，如图中(a)(b)(c)所示，介质表面的表面波表现出与介质内部电磁波相似的电场分布。当过渡阶数增加时，如图中(d)(e)(f)所示，表面波传播范围逐渐扩展并形成一个渐变的场分布模式。

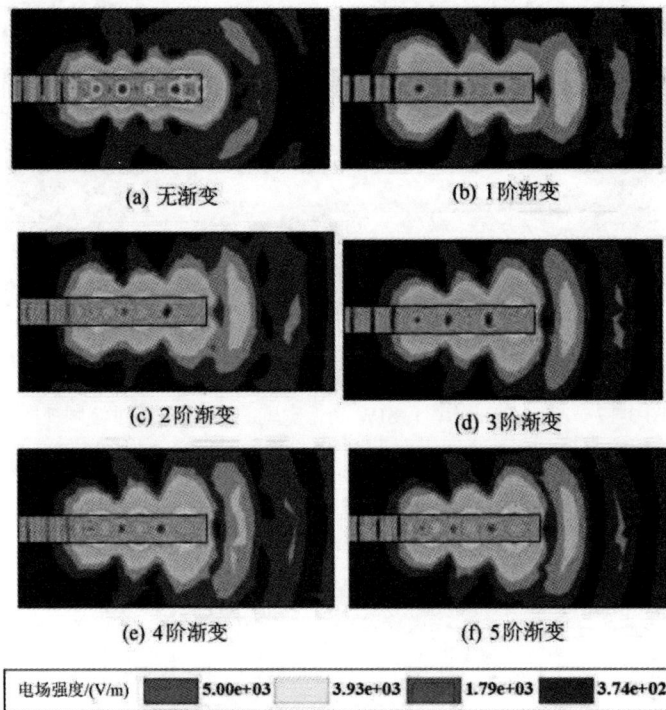

(a) 无渐变　　　　　　　(b) 1 阶渐变

(c) 2 阶渐变　　　　　　(d) 3 阶渐变

(e) 4 阶渐变　　　　　　(f) 5 阶渐变

| 电场强度/(V/m) | 5.00e+03 | 3.93e+03 | 1.79e+03 | 3.74e+02 |

图 3-19　不同阶数的无宽壁 SIW 中电场侧视图

图 3-20 中对比了不同阶数条件下天线的反射系数。结果表明，当过渡阶数相对较多时，阻抗匹配表现出逐渐改善的趋势。多阶过渡能够使电磁波从介质更加平滑地过渡到自由空间，从而验证了引入多阶过渡结构用于改善阻抗匹配的可行性。

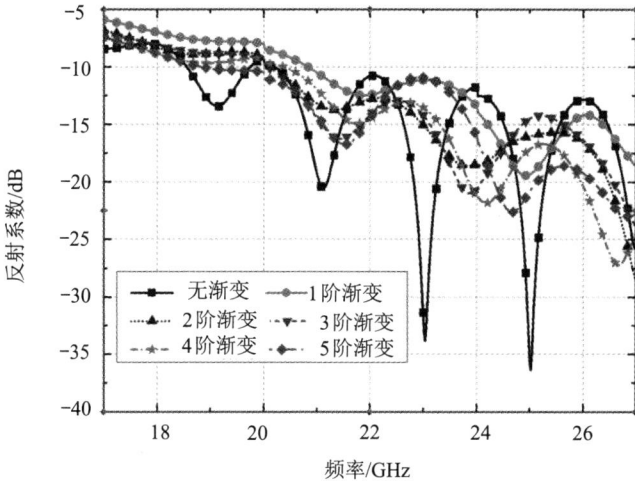

图 3-20   不同阶数的无宽壁 SIW 端射天线的反射系数

进一步计算天线在 E 面和 H 面的半功率波瓣宽度，如图 3-21 所示。可以发现，当不采用任何过渡时，天线具有非常差的端射辐射特性。图 3-21 中部分缺失的数据表明该天线的最大辐射已经偏离端射方向。除去这些无效数据，图 3-21(a)表明引入更多阶数后，E 面的半功率波瓣宽度逐渐增加。这一结果也验证了上述分析过程：逐渐减小的介电常数使等效高度逐渐增加，从而在 E 面实现了等效的喇叭状剖面。此外，H 面的半功率波瓣宽度几乎保持不变。

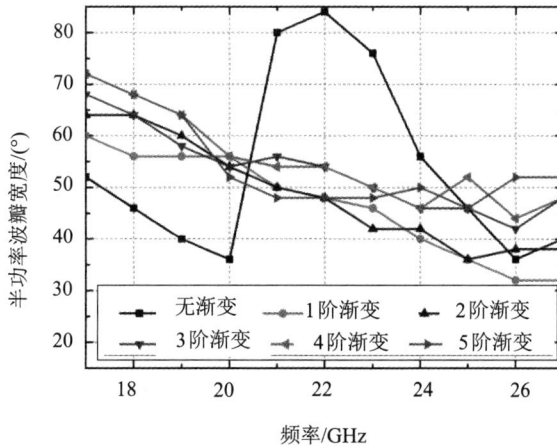

(a) E 面

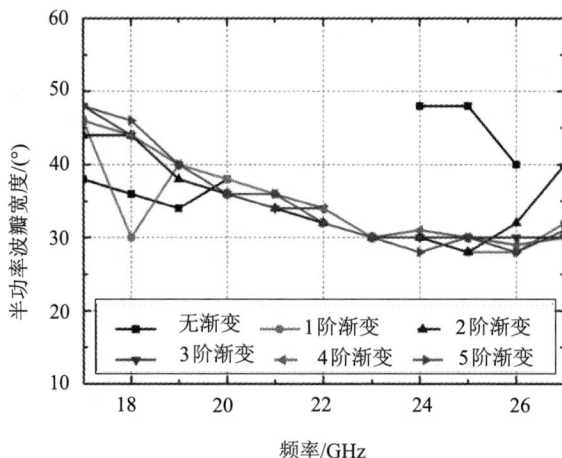

(b) H 面

图 3-21　不同阶数的天线 E 面和 H 面半功率波瓣宽度

基于以上分析，考虑到阻抗匹配、半功率波瓣宽度以及加工复杂度，我们采用具有 4 阶过渡的 E 面 SIW 喇叭天线。

3.2.3　实验结果与讨论分析

运用 HFSS 仿真软件对天线参数进行优化，最终参数为 $W = 10.6\,\text{mm}$，$L = 30\,\text{mm}$，空气孔的直径分别为 1 mm、1.4 mm、1.9 mm、3 mm。天线实物如图 3-22 所示。为了实现宽带馈电效果，我们在 SIW 喇叭天线的输入端前面直接加载一个介质尖劈结构。

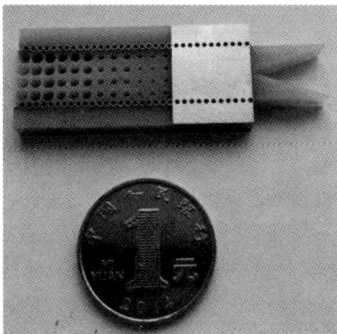

图 3-22　天线实物图

图 3-23 给出了天线的仿真与实测反射系数。在 20.2～26.7 GHz 频段范围内，天线的实测反射系数均小于 −10 dB。

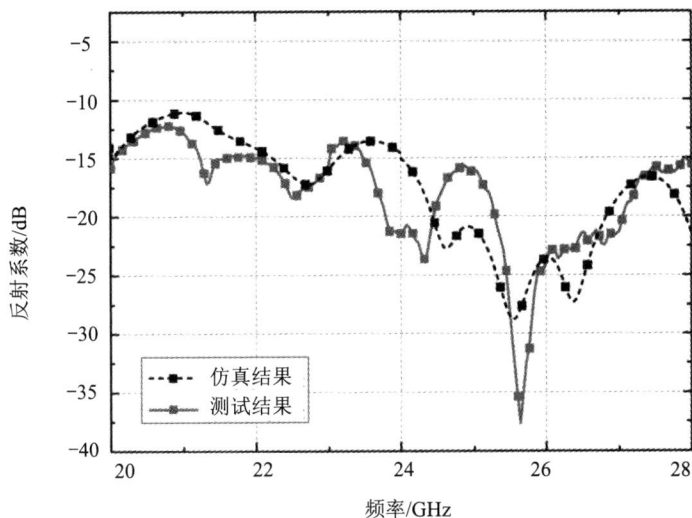

图 3-23　天线的仿真与实测反射系数

　　天线的仿真与实测远场辐射特性分别见图 3-24、图 3-25。可以观察到，在 20.2～26.7 GHz 频段范围内，实测天线具有稳定的端射辐射方向图。该频段覆盖天线的 3 dB 增益带宽。考虑到加工误差以及材料特性的差异，天线测试误差在允许的范围内。

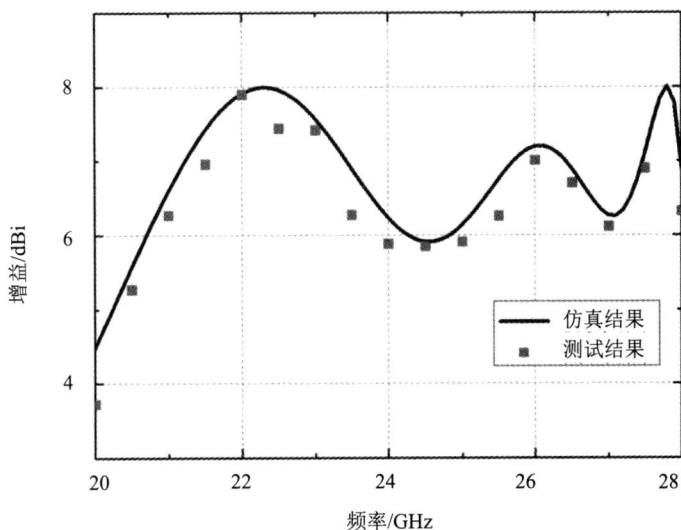

图 3-24　天线的仿真与实测增益

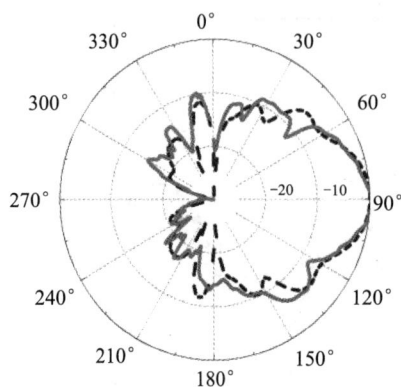

(a) 20.2 GHz、E面

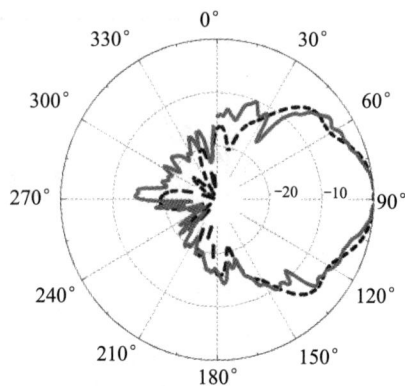

(b) 23.5 GHz、E面

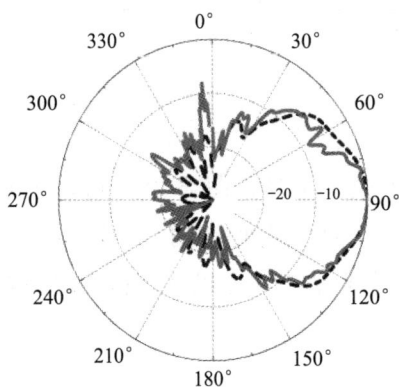

(c) 26.7 GHz、E面

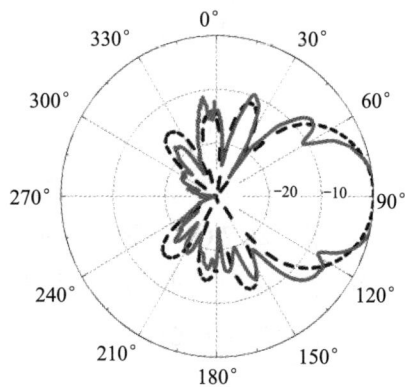

(d) 20.2 GHz、H面

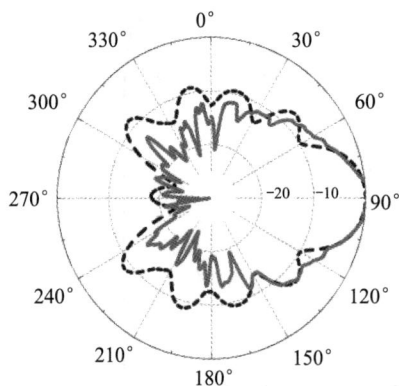

(e) 23.5 GHz、H面

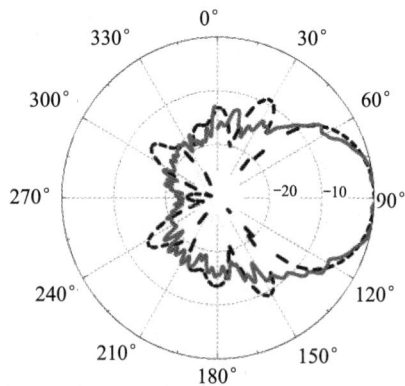

(f) 26.7 GHz、H面

图 3-25 天线的仿真与实测远场方向图

(图中虚线为仿真结果，实线为测试结果)

3.3 宽带 SIW 馈电的介质端射天线

前两节从实现小型化 SIW 端射天线的角度出发，分别介绍了导波与匹配共享的 SIW 喇叭天线以及具有等效渐变 E 面的平面 SIW 喇叭天线。第一个天线能够充分发挥介质导波的作用，在不增加喇叭长度的前提下，实现天线阻抗匹配的有效改善与辐射特性的显著提升，但是需要确保一定的喇叭口径大小以保持良好的阻抗带宽和增益特性；第二个天线是 E 面金属喇叭天线的类比结构，利用空气孔实现等效渐变剖面，从而有效地实现端射辐射，但该天线本质上并不是一种开放式的辐射结构，端射辐射能力有限。因此，本节着眼于介绍一种具有开放式辐射结构的端射单元，且该单元具有易于组阵的优势。

在本节中，将要分析一种 SIW 馈电的三角形介质端射天线。天线的工作原理通过分析延伸介质中的电场分布来解释。此外，通过降低天线的旁瓣电平(SLL)，天线的端射辐射能力得到进一步提高，从而减少噪声以及无关信号的干扰[81]。

3.3.1　天线结构

宽带 SIW 馈电的介质端射天线结构如图 3-26 所示。天线包含两个部分，即馈电 SIW 和从 SIW 中延伸出的三角形介质。SIW 的口径宽度为 w_1，在 SIW 的末端，介质表面的金属壁完全剥离，介质结构以三角形的形状从 SIW 中逐渐延伸出来。为了进一步提升辐射能力，我们采用等效介质超材料加载结构。该天线结构采用介电常数为 4.4、厚度为 4.3 mm 的基板。

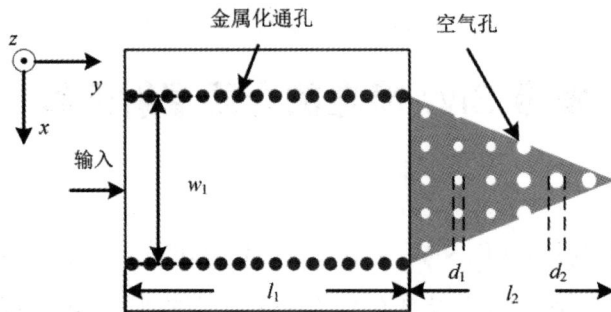

图 3-26　宽带 SIW 馈电的介质端射天线结构图

3.3.2　工作原理

图 3-27 中给出了介质端射天线在不同截面的电场分布图。如图(a)所示，在 SIW 外部几乎没有场分布，而在 SIW 内部具有明显的 TE_{10} 分布模式。图(b)为电磁波刚刚到达介质中的电场分布情况，可以发现有一部分电场分布于介质表面。当远离 SIW 与介质的分界面后，如图(c)所示，电磁波在介质中分布的比例与介质表面的分布可比拟。归纳以上现象可知，在该结构中发生了模式转换：入射的 TE_{10} 模式的电磁波转换成介质中的导波以及介质表面的表面波。

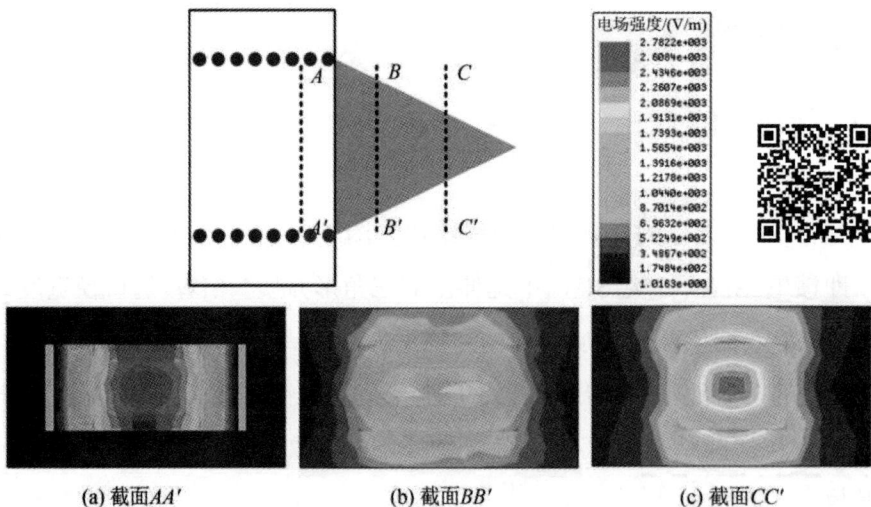

(a) 截面 AA'　　　(b) 截面 BB'　　　(c) 截面 CC'

图 3-27　介质端射天线中不同位置截面处的电场分布

前文已经对介质导波结构对于阻抗匹配改善的原理进行了详细说明，公式(3-1)和公式(3-2)清楚地解释了该结构的宽带实现原因，这里不再赘述。

由于介质加载 SIW 喇叭天线的阻抗带宽提升来源于 SIW 到介质过渡的结构，因此本节提出的天线仍沿用该结构。不同的是，为了实现结构的小型化，同时保证新引入的结构能够有效地产生端射辐射，我们采用了一种三角形的介质辐射结构。如图 3-28 所示，与介质加载 SIW 喇叭天线相比，该 SIW 馈电的介质端射天线结构非常紧凑。

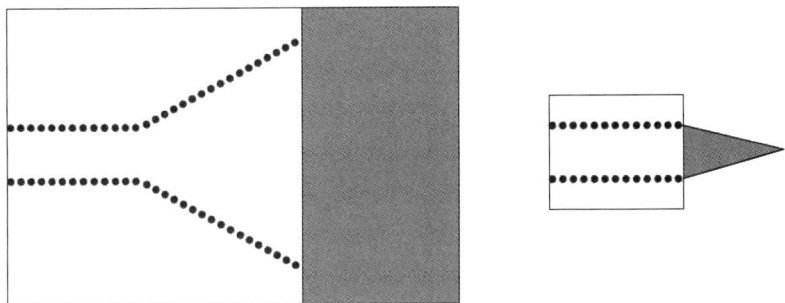

(a) 介质加载 SIW 喇叭天线　　　　　　(b) SIW 馈电的介质端射天线

图 3-28　两类 SIW 端射天线的结构对比图

尽管 SIW 馈电的介质端射天线具有结构上的显著优势，但是其电性能有待进一步研究和优化。当介质材料、初始宽度 w_1 确定后，三角形介质的长度是唯一能够调整的参数。

图 3-29 中给出了当介质长度变化时对应的反射系数和增益变化规律。首先，可以发现该介质端射天线的反射系数对介质长度的变化并不敏感，这是由于介质端射天线本身具有非常好的阻抗匹配特性。其次，增加介质长度能够在小范围内提高阻抗匹配特性。当介质长度非常小时，天线的增益大小在 8 dBi 附近浮动，当长度增加时，在仿真频段的低频处能够实现显著的增益提升。然而，一些非理想结果也随之而来，在仿真频段的高频处端射增益随长度的增加明显下降。这一现象可以通过分析不同长度对应的 SLL 进行解释。如图 3-30 所示，当 l_2 相对较小时，整个频段的 SLL 都比较低。然而，当长度增加后，在整个频段特别是高频处，SLL 表现出显著的上升趋势。统计结果显示，SLL 甚至从小于−10 dB 上升到高于 0 dB。事实上，介质边缘的辐射是不可避免的，该辐射会导致 SLL 升高，当介质长

度增加后，这一现象更加明显。

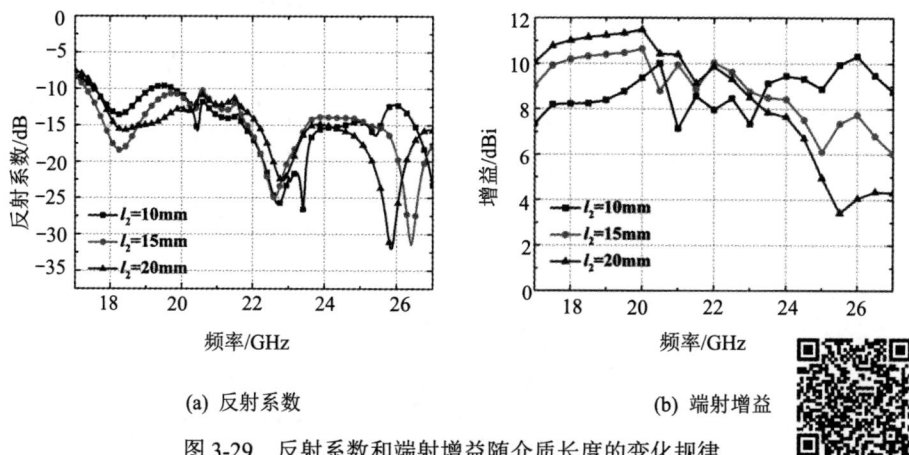

(a) 反射系数   (b) 端射增益

图 3-29　反射系数和端射增益随介质长度的变化规律

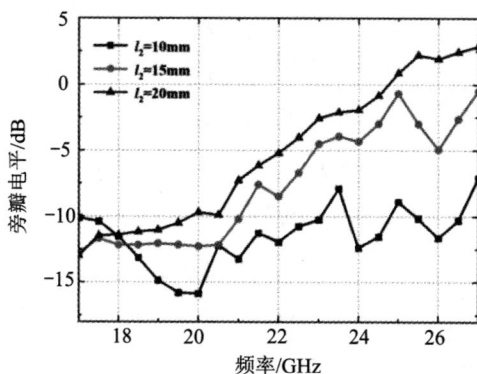

图 3-30　旁瓣电平随介质长度的变化规律

为了在整个工作频段范围内提高辐射特性，除了调节介质长度，还需要进一步优化介质特性。通过在介质上加载空气孔，能够有效地调控介质的介电常数，而且这种调控手段是与频率几乎无关的，因此适用于设计宽带天线与元器件。前文已经给出了详细的实现方法，这里不再赘述。

图 3-31 给出了天线反射系数和增益随介电常数的变化规律。图中结果表明，介电常数越高，天线的阻抗匹配越差。这一现象不难理解，介质与馈电 SIW 之间的介电常数差会导致能量在转接处的反射，从而导致阻抗失配，因此当介电常数差越大时，阻抗匹配越差。此外，当介电常数略小于原始值时，在仿真频段的高频处出现明显的增益提升。这一现象可以依据图 3-32 中的结果进行很好的解释：介电常数的减小导致高频处的 SLL 降

低，最终表现为端射增益提高。

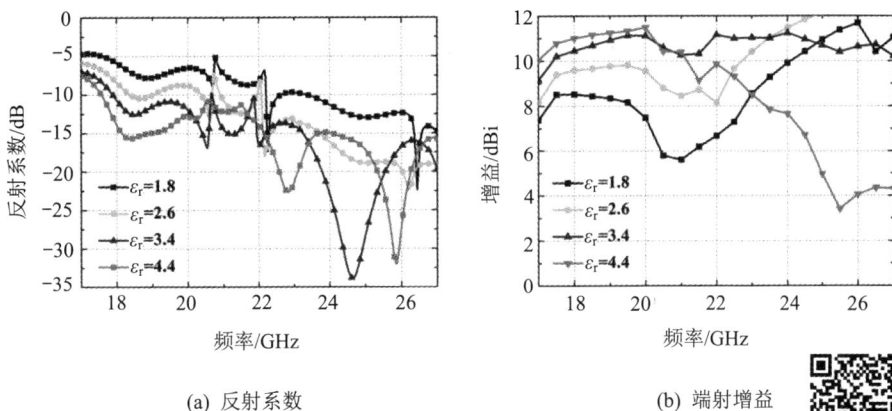

(a) 反射系数　　　　　　　　　　　　(b) 端射增益

图 3-31　反射系数和增益随介电常数的变化规律

事实上，电磁波的传播速度 β 可以表示为

$$\beta = \frac{\omega}{k} = \frac{1}{\sqrt{\mu\varepsilon}} \qquad (3\text{-}4)$$

其中，μ 是介质的磁导率，ε 是介质的介电常数，ω 为角频率，k 为波数。在设计中，磁导率几乎保持恒定不变，而介电常数能够通过空气孔直径大小进行调节，因此电磁波的传播速度取决于介电常数大小。当介电常数减小一定的值时，介质与空气的差异会相应地减小，使得介质内外传播的电磁波具有相似的传播速度，从而提高端射方向的有效辐射。然而当介电常数减小到接近于自由空间的介电常数大小时，被介质束缚的能量会相应地减少，反而会引起 SLL 的升高，使端射辐射变差，如图 3-32 所示。

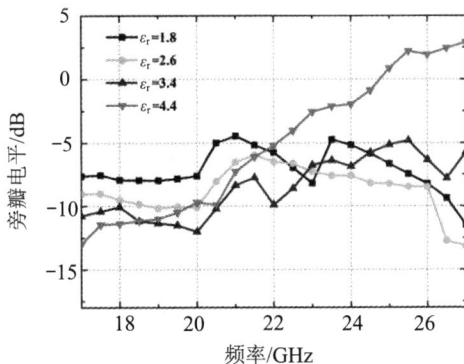

图 3-32　SLL 随介电常数的变化规律

基于以上分析，为了实现良好的阻抗匹配，同时保证具有低 SLL 的高端射辐射特性，本节设计的介质端射天线具有渐变介电常数。图 3-33 对比了不同阶过渡的介质端射天线的反射系数和增益。2 阶过渡的反射系数与 1 阶过渡的结果具有相似的趋势。端射天线的 SLL 随过渡阶数的变化规律如图 3-34 所示。当采用 2 阶过渡时，尽管在低频处增益有所降低，但在 24 GHz 以上的频率范围内实现了明显的增益提升。此外，在整个频段范围内取得了不高于 −8.5 dB 的 SLL。

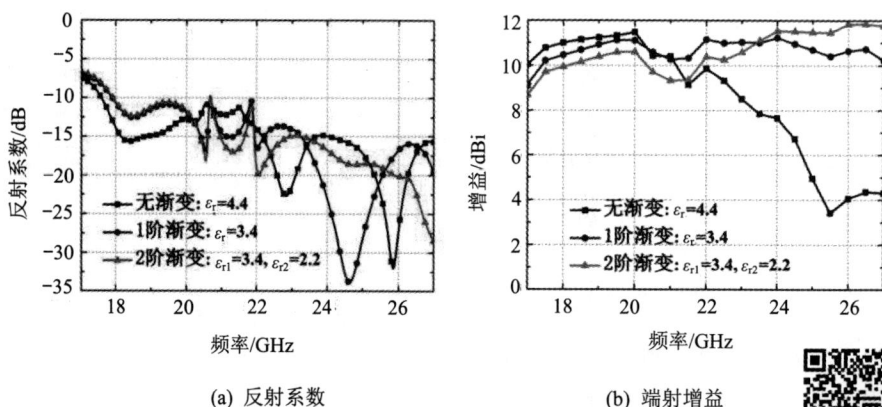

(a) 反射系数   (b) 端射增益

图 3-33　不同阶过渡的天线反射系数和增益曲线

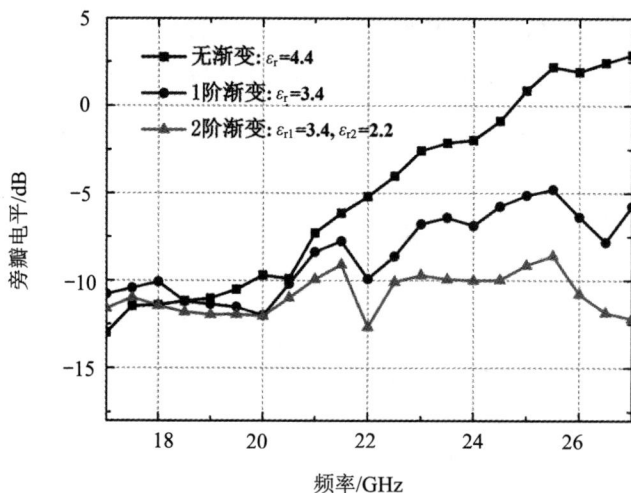

图 3-34　不同阶过渡的端射天线 SLL

3.3.3　实验结果与讨论分析

基于以上原理以及分析过程，我们运用 HFSS 软件对天线参数进行优化设计，最终将优化后的模型进行实物加工和测试。天线实物如图 3-35 所示。优化后的参数为：$l_1 = 10$ mm，$l_2 = 18$ mm，$w_1 = 10.6$ mm，$d_1 = 0.6$ mm，$d_2 = 1.2$ mm。

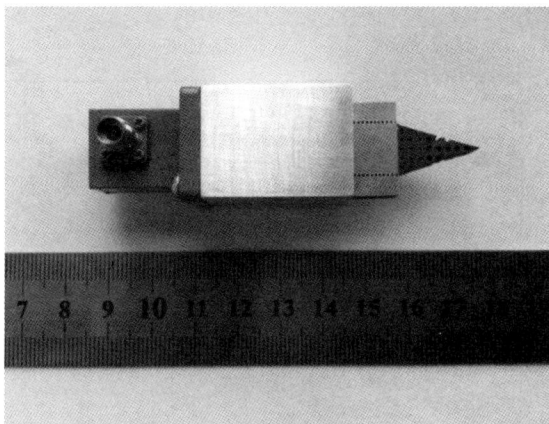

图 3-35　天线实物图

图 3-36 对比了天线的仿真与实测反射系数。在 17.6～26.7 GHz 的频段范围内，天线的反射系数均低于 -10 dB。尽管采用了一种形式更加紧凑的辐射结构，但是相比于 SIW 喇叭天线，该天线的阻抗匹配没有降低。

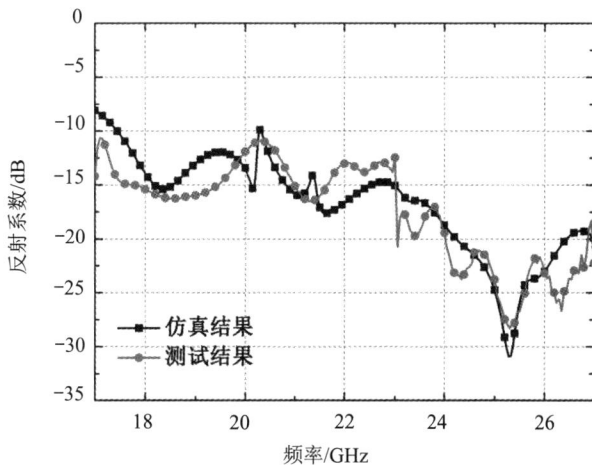

图 3-36　天线的仿真与实测反射系数

在微波暗室内对天线的远场辐射特性进行测试，被测天线与标准增益喇叭天线的距离为 5 m，满足远场测量条件。测试结果见图 3-37、图 3-38。图中结果表明，天线的实测增益不低于 8.3 dBi。在整个工作频段内，天线都具有稳定的端射方向图。当接近馈电喇叭的截止频率时，H 面仿真与实测的 SLL 结果一致性较差。此外，由于表面波效应，天线在 H 面的波束宽度有所展宽。考虑到天线的加工误差、材料差异等误差因素，测试结果的误差在可接受范围内。

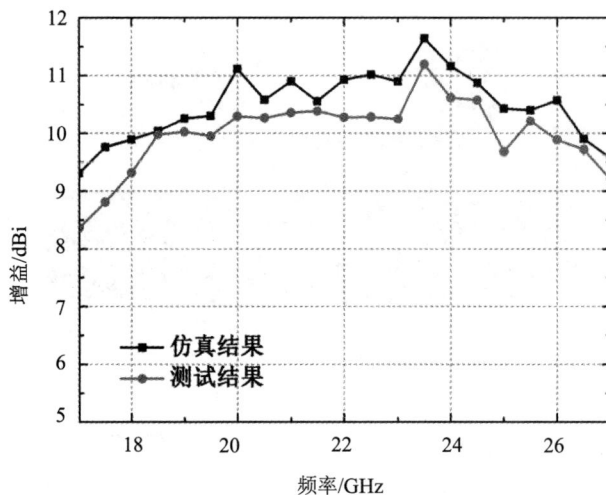

图 3-37　天线的仿真与实测增益

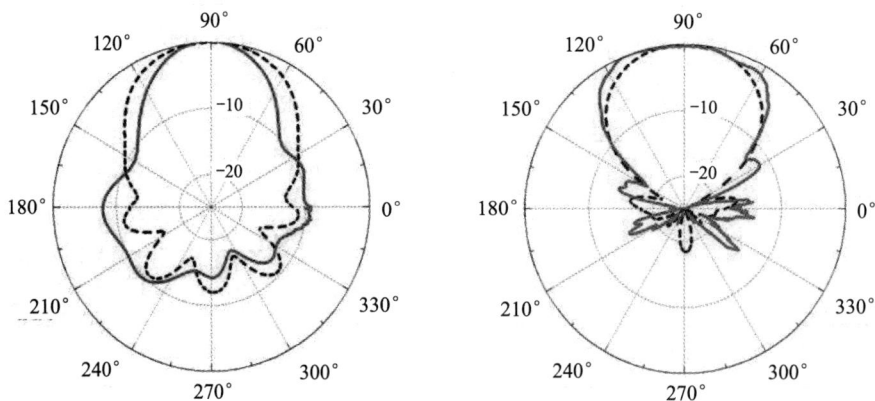

(a) 17.6 GHz、E 面　　　　　　　　(b) 20.0 GHz、E 面

(c) 23.0 GHz、E面

(d) 26.7 GHz、E面

(e) 17.6 GHz、H面

(f) 20.0 GHz、H面

(g) 23.0 GHz、H面

(h) 26.7 GHz、H面

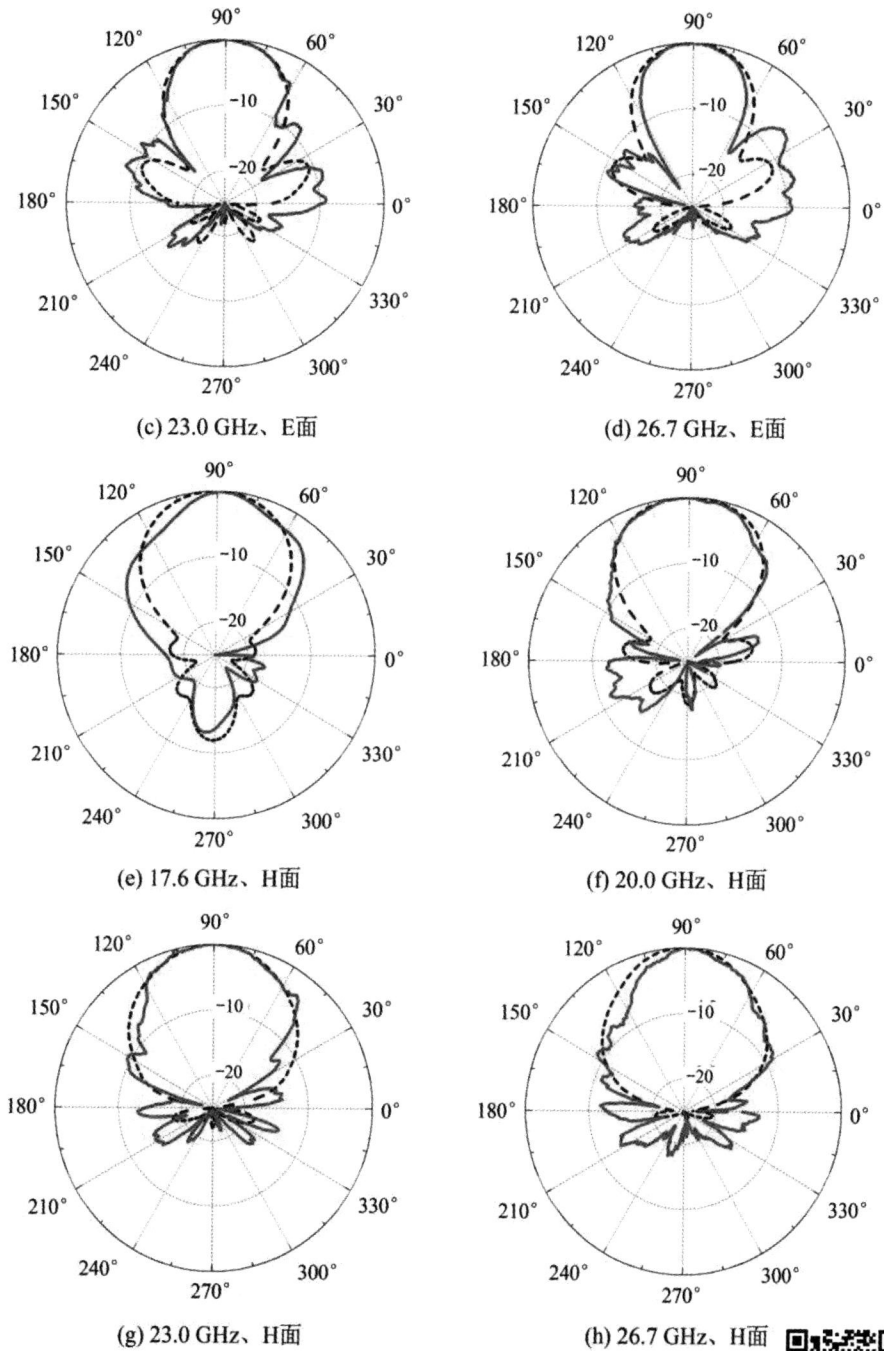

图 3-38　天线的仿真与实测远场方向图

(图中虚线为仿真结果，实线为测试结果)

本 章 小 结

　　本章基于 SIW 中介质的导波特性，介绍了小型化宽带 SIW 端射天线的设计与实现方法。主要创新点包括：① 介绍了部分金属表面剥离的宽带 SIW 喇叭天线的设计方法，无宽壁的介质能够同时实现导波与阻抗匹配的作用，在保持天线带宽和辐射特性的前提下实现天线尺寸的有效缩减；② 通过分析在无宽壁 SIW 结构上加载等效介质超材料能够产生等效渐变剖面的过程，实现了一种结构紧凑的等效渐变 E 面 SIW 喇叭天线；③ 介绍了一种宽带 SIW 馈电的三角形介质端射天线，加载等效介质超材料能够进一步降低其旁瓣电平，其尺寸远小于相同性能的 SIW 喇叭天线，因此便于借助外部馈电网络设计成不同形式的天线阵列。

第 4 章　SIW 端射天线的圆极化技术

本章将围绕如何实现 SIW 端射天线的圆极化开展一系列对比介绍。本章要介绍的圆极化 SIW 端射天线设计方法，能丰富圆极化 SIW 端射天线的设计手段，多样化的设计思路能够有效地满足现代通信系统中端射天线的不同应用场景。

4.1　双圆极化 SIW 喇叭天线

4.1.1　天线结构

双圆极化 SIW 喇叭天线的几何结构如图 4-1 所示。

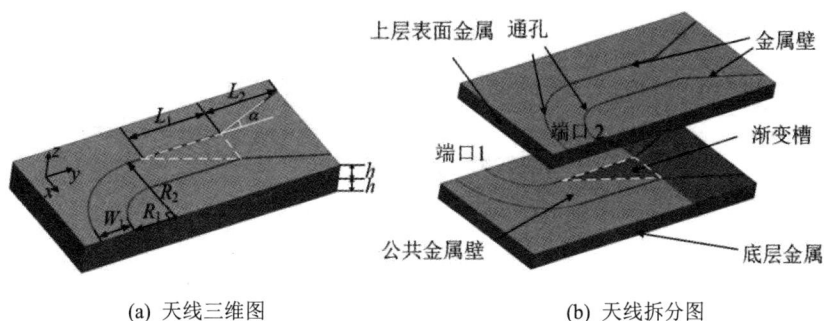

(a) 天线三维图　　　　　　(b) 天线拆分图

图 4-1　双圆极化 SIW 喇叭天线结构示意图

天线包含两层基板，每一层上设置一个宽度为 W_1 的馈电端口。为了保证馈电结构的宽带特性，我们引入了一个外径为 R_2、内径为 R_1 的转角过渡结构。两层基板中间的金属铜箔构成了上下 SIW 的公共宽壁。在该公共宽壁上刻有三角状的槽缝结构。这一槽缝类似于一个斜坡结构，始于 SIW 的一个窄壁，终于 SIW 的另一个窄壁。经过长度为 L_1 的过渡后，该槽缝止于喇叭结构的输入口径且与馈电 SIW 具有相同的宽度。上述结构构成 SIW 极化器结构。辐射喇叭结构放置于极化器的末端，喇叭长度为 L_2，张角为 α。

需要注意的是，转角部分的窄壁是通过金属化通孔实现的，而平面 SIW 极化器以及喇叭部分采用另外一种等效结构。由于金属化通孔之间存在着一定间距，在 SIW 中传输的 TE_{01} 模式电磁波具有非常大的辐射损耗。而文献[57]中提出的扩展 SIW 结构是通过在高介电常数的基板上打孔实现的，该结构并不利于宽带 SIW 的实现且具有非常高的设计复杂度。因此，为了使 SIW 结构支持 TE_{01} 模式的传播，同时保证宽带特性，平面 SIW 极化器以及喇叭部分的窄壁通过连续化的金属壁实现。该天线结构采用的基板厚度 $h = 4.3\,\text{mm}$，介电常数 $\varepsilon_r = 2.2$，损耗角正切值 $\tan\delta = 0.001$。

4.1.2　工作原理

SIW 极化器的工作机理可以通过奇偶模原理[82]进行阐释。以端口 1 为例，等效分解过程如图 4-2 所示。当端口 1 输入信号时，端口电场可以等效分解成两部分，即奇模和偶模两种模式。

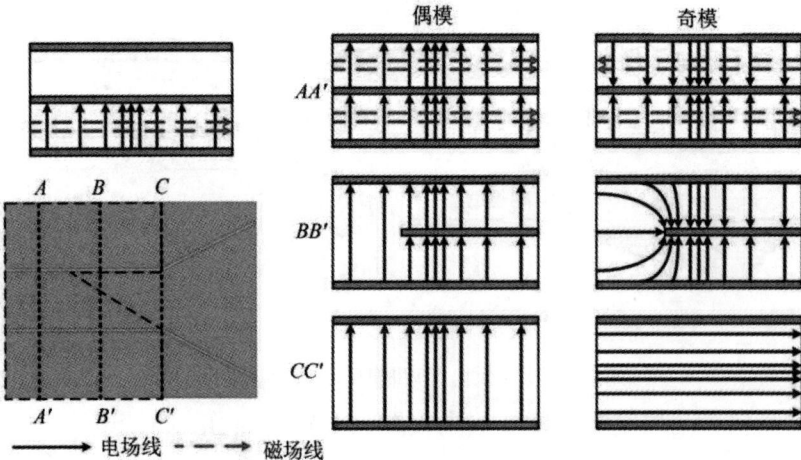

图 4-2　用奇偶模原理分析激励端口 1 时的电场变化示意图

当处于偶模激励时，上下两层的 SIW 中具有相同的电场分布，对应于中间公共金属壁的上下表面具有相反方向的电流分布。因此上下两层 SIW 中电场相互独立，几乎不会产生任何耦合，能够保持其原有的传播模式，最终在输出端口处仍然接收到 TE_{10} 模式的电场。对于奇模激励的情况，上下两层的 SIW 中刚好具有相反的电场分布，对应于中间公共金属壁的上下表面具有相同方向的电流分布。这一结果导致上下两层中的电场相互耦合，当斜坡状的缝隙宽度变大时，在金属窄壁和槽缝之间逐渐产生横向电场分量，即 TE_{01} 模式的电场。此外，由于 SIW 中横向和纵向宽度不同，两种相互正交的电场具有不同的相移常数[57]。经过这种平面 SIW 极化器的作用，产生圆极化波的必要条件已经具备，即模式正交且具有 90° 的相位差[83]。当激励端口 2 时，分析过程与激励端口 1 基本类似，不同的是，奇模激励时的电场方向相反，从而导致喇叭天线中的电磁波旋向与激励端口 1 时的相反，如图 4-3 所示。因此，当采用不同端口馈电时，能够实现双圆极化的辐射特性。

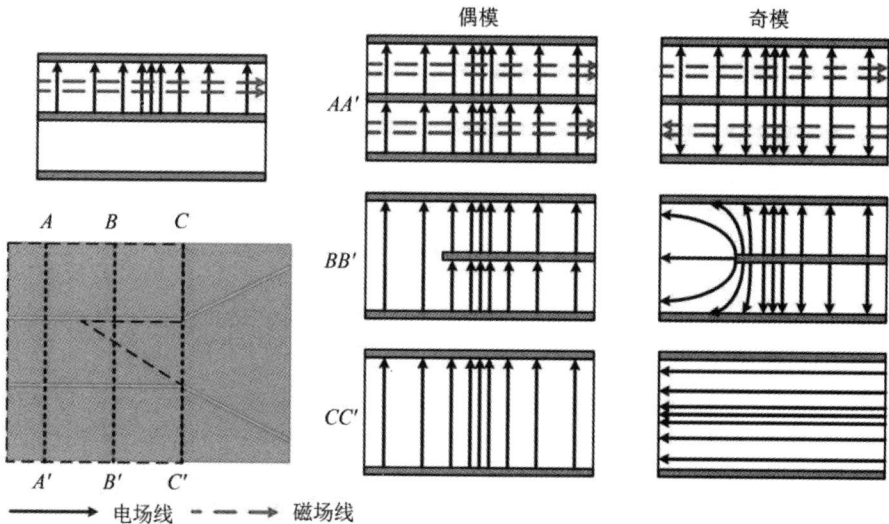

图 4-3　用奇偶模原理分析激励端口 2 时的电场变化示意图

基于奇偶模原理的分析过程很好地解释了 SIW 极化器的工作原理。如上所述，TE_{01} 模式的电场分布是由斜槽状结构产生的，同时该结构也能够在正交的模式之间产生需要的相位差。因此，天线的轴比带宽主要取决于

参数 L_1、L_2 及 α。

　　如图 4-4 所示，当斜槽的长度 L_1 相对较短时，例如 $L_1 = 19$ mm，双层 SIW 之间的耦合条件不再满足，从而导致圆极化辐射能力较弱。当逐渐增大耦合槽的长度后，3 dB 轴比带宽也相应地增加，而当耦合槽长度超过 25 mm 后，3 dB 轴比带宽反而变窄，这是由于过度耦合使正交模式之间的相位差超过 90°。此外，喇叭天线的张角也影响该天线的辐射性能。

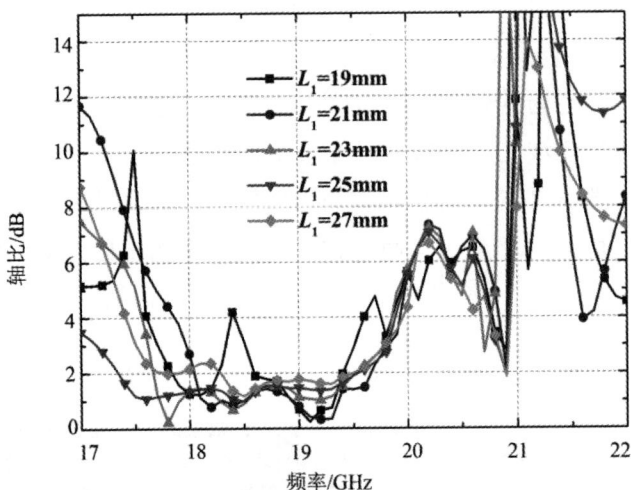

图 4-4　不同斜槽长度 L_1 对应的端射轴比

　　如图 4-5 所示，当张角过大或者过小时，都会导致相对较窄的轴比带宽。事实上，当 SIW 喇叭的宽度不断展宽时，TE_{10} 模式电场的相移常数相应地减小，此时喇叭天线的高度保持不变，TE_{01} 模式电场的相移常数保持不变。因此过大或者过小的张角会使相位差偏离 90°，表现为该天线的轴比带宽变窄。图 4-6 中的结果为优化天线性能提供了重要依据。当喇叭长度 L_2 逐渐增加时，喇叭天线的工作频段表现出逐渐上升的趋势。通过改变喇叭天线的长度，能够设计工作在不同频段的圆极化 SIW 喇叭天线。

　　基于以上分析过程，设计步骤总结如下：

　　(1) 选用厚度接近于 $\lambda_0/4$、低介电常数的介质，构建两层 SIW 喇叭天线。

　　(2) 在两层 SIW 的公共宽壁上引入长度为 L_1 的斜槽，满足产生圆极化辐射的基本条件。

（3）扫描喇叭长度 L_2，使喇叭天线工作在理想的频段；对缝隙长度 L_1、喇叭张角 α 进一步优化以实现轴比带宽的展宽。

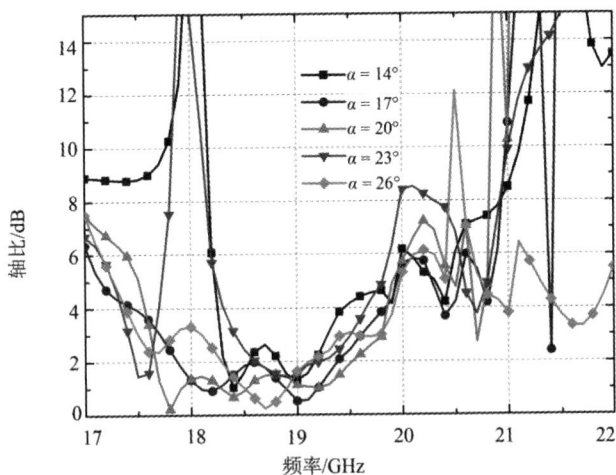

图 4-5　不同张角 α 对应的端射轴比

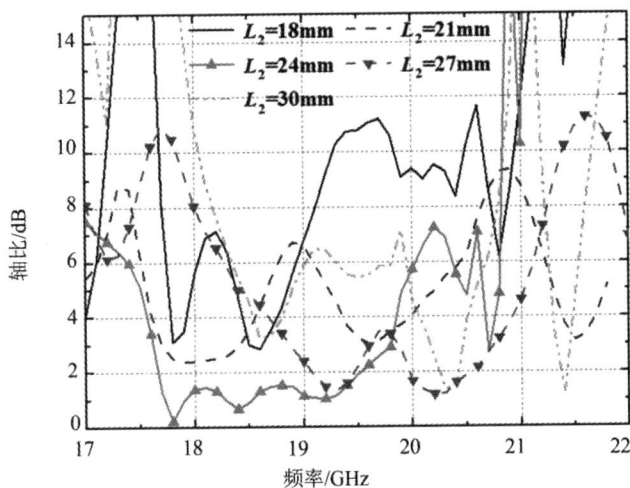

图 4-6　不同喇叭长度 L_2 对应的端射轴比

4.1.3　实验结果与讨论分析

基于上述分析过程以及设计步骤，我们运用 HFSS 软件对天线参数进行优化。最终参数为：$W_1 = 10.6$ mm，$R_1 = 13.4$ mm，$R_2 = 24.5$ mm，

$L_1 = 25.7\,\text{mm}$，$L_2 = 23.7\,\text{mm}$，$\alpha = 20°$，$h = 4.3\,\text{mm}$。为了验证仿真结果，我们对上述优化模型进行实物加工并测试，天线实物如图 4-7 所示，两层基板通过周围的定位孔进一步固定。此外，考虑到基板厚度因素，我们采用金属波导馈电，从 SIW 口径延伸出的对称尖劈介质起到 SIW 到金属波导的过渡作用。

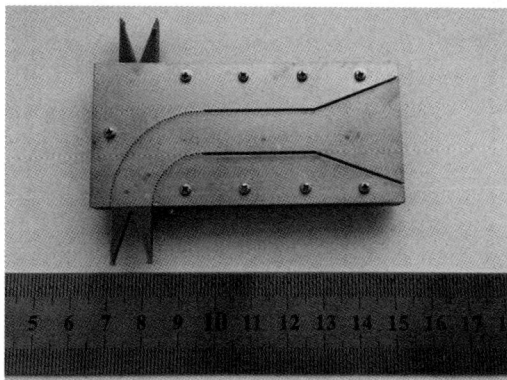

图 4-7　天线实物图

图 4-8 对比了天线两个端口的反射系数。结果表明，在 17～22 GHz 的频段范围内，两个端口的反射系数均低于 −10 dB。尽管两个端口具有一定的不对称性，但最终结果并没有太大的差异。图 4-9 中给出了该天线双端口的隔离度，在阻抗匹配的频段范围内，天线的端口隔离度均低于 −15 dB。

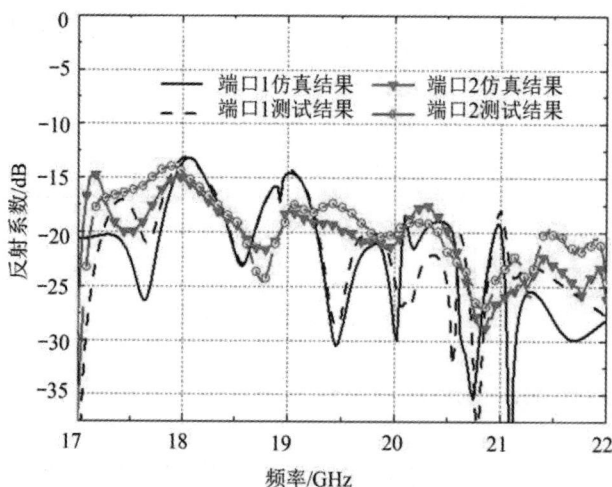

图 4-8　天线双端口的仿真与实测反射系数

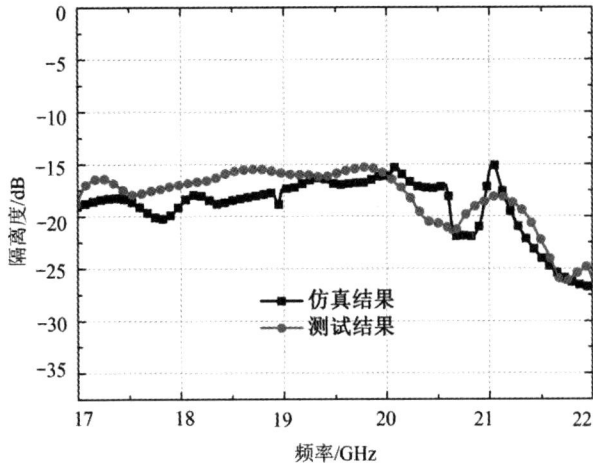

图 4-9　天线的仿真与实测隔离度曲线

　　该天线在中心谐振频率的仿真与实测方向图分别见图 4-10、图 4-11。观察图中结果发现，不同馈电端口对应产生不同的圆极化，从而验证了上述理论的正确性。此外，在端射方向上，测试交叉极化电平高于 −15 dB，且该天线在整个主瓣方向上具有很低的交叉极化电平。图 4-12 给出了该天线的仿真与测试的增益和轴比。在 17.6～19.8 GHz 的频段范围内，该天线的测试增益在 8.1～10.3 dBi 之间，总损耗小于 1.4 dBi。在该频段范围内，天线的实测轴比均低于 3 dB。

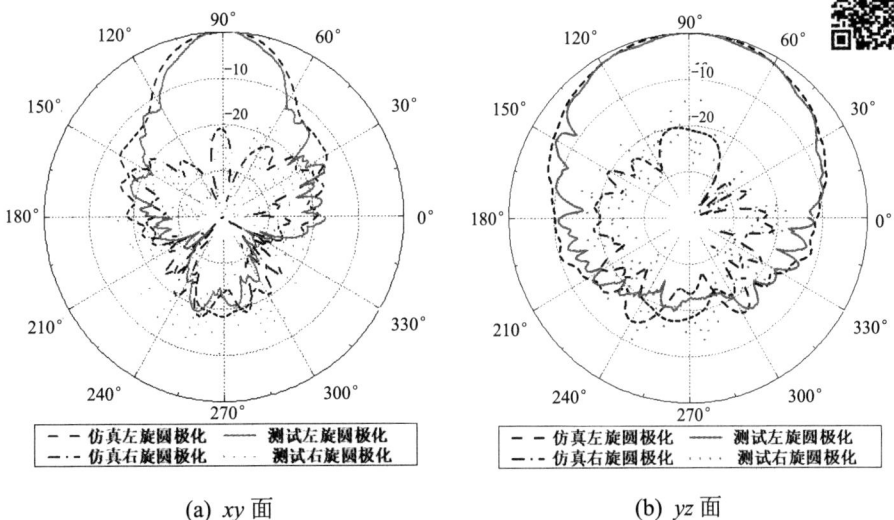

(a) *xy* 面　　　　　　　　　　　　　　　(b) *yz* 面

图 4-10　端口 1 馈电时天线的仿真与实测方向图

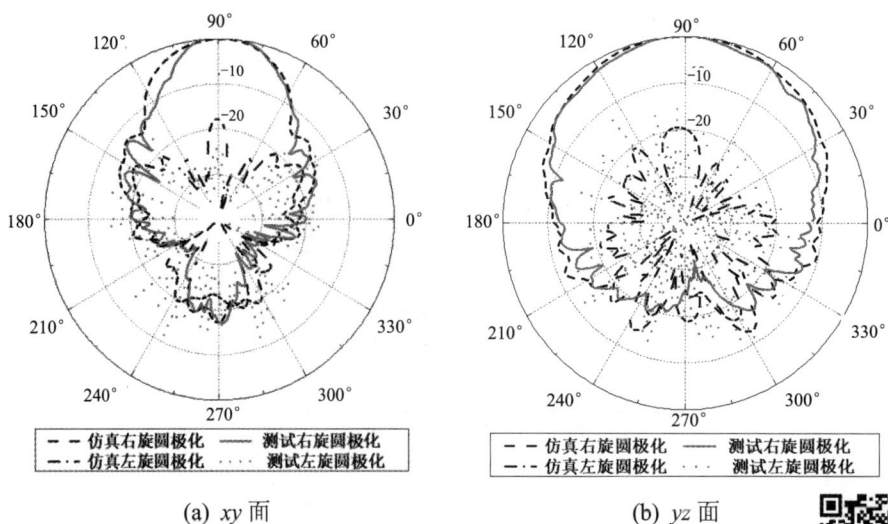

(a) *xy* 面   (b) *yz* 面

图 4-11 端口 2 馈电时天线的仿真与实测方向图

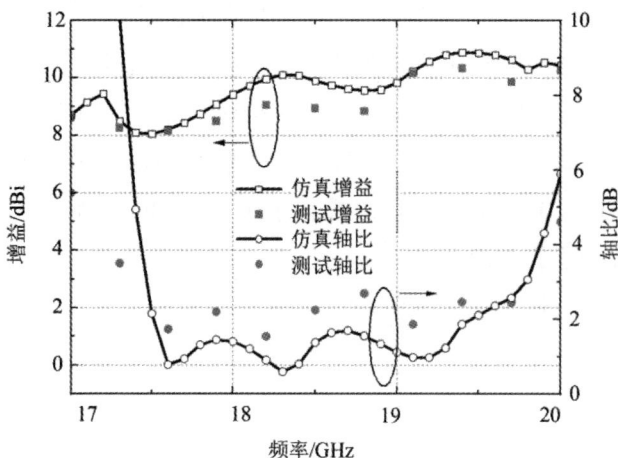

图 4-12 端口 1 馈电时天线仿真与实测的增益和轴比曲线

4.2 SIW 极化器馈电的宽带圆极化介质端射天线

上节介绍了一种圆极化 SIW 喇叭天线的设计方法，通过在双层板的公共金属壁上引入耦合渐变槽，能够在端射方向实现圆极化辐射特性。然而，这一结构仍然有进一步改进的余地，特别是喇叭的窄壁。由于窄壁具有一定的张角，SIW 的宽度在传播方向上不断展开，TE_{10} 模式的相移常数不断变化，而 TE_{01} 模式的相移常数保持不变。由于两种模式的相位差必须在 90° 左右，这一现象最终会限制轴比带宽。此外，天线远场特性，特别是增益，严重依赖于喇叭尺寸，不利于天线尺寸的小型化。

本节进一步介绍具有更宽轴比带宽、更为紧凑的双层 SIW 端射结构。

4.2.1　天线结构

本节要介绍的天线结构如图 4-13 所示。天线由两层大小相同的基板构成，每一层上加载一个宽度为 W_1 的馈电端口。天线的馈电结构与上节的天线相同，这里不再赘述。不同的是，在天线的末端，不再采用喇叭形式的辐射结构，而是将介质从 SIW 中延伸出来，构成辐射结构，延伸出来的介质尺寸为 $W_2 \times L_2$。采用的基板厚度 $h = 4.3\,\text{mm}$，介电常数 $\varepsilon_r = 2.2$，损耗角正切值 $\tan\delta = 0.001$。

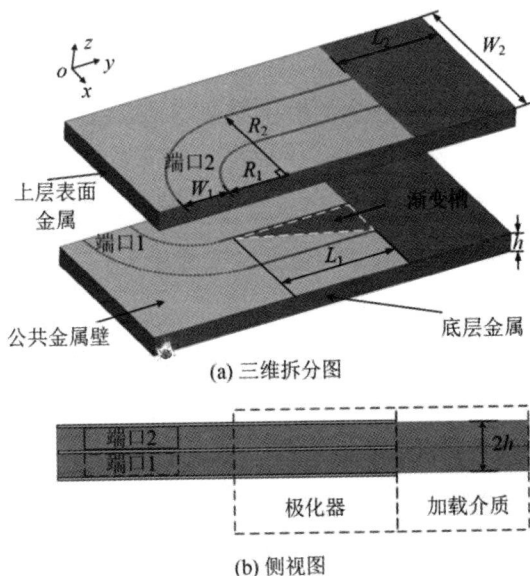

(a) 三维拆分图

(b) 侧视图

图 4-13　双圆极化 SIW 介质端射天线结构示意图

4.2.2　工作原理

上节已经通过奇偶模原理定性地分析了 SIW 极化器的工作原理，本节将重点定量分析 SIW 极化器的输出与结构参数的关系。

如图 4-14(a)所示，在端口 1 处激励波导极化器，极化器的末端设置为输出端口 3，输出结果中的两个主模的场分布如图 4-14(b)所示。两个主模分别对应于 TE_{10} 模和 TE_{01} 模，这一现象验证了采用奇偶模原理分析的正确性。

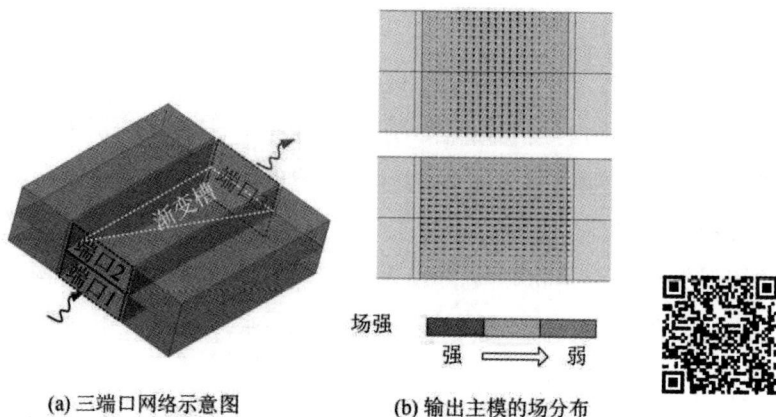

场强
强 ⟹ 弱

(a) 三端口网络示意图　　(b) 输出主模的场分布

图 4-14　SIW 极化器的三端口网络示意图及输出端口的场分布

图 4-15 给出了 SIW 极化器的输出结果随耦合长度 L_1 的变化规律。当 L_1 较小时，如 $L_1 = 5\,mm$，两个主模电场的幅度差与相位差在整个频段范围内变化比较剧烈。增加长度 L_1 后，尽管幅度差异明显减小，但是无法在两个模式之间维持 90° 的相位差。下面进一步研究口径尺寸对 SIW 极化器性能的影响。

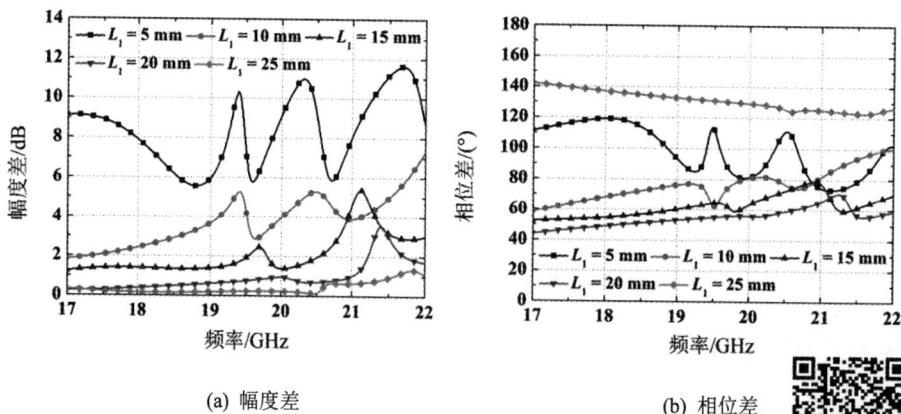

(a) 幅度差　　　　　　　　　　(b) 相位差

图 4-15　两个主模电场的幅度差及相位差与耦合长度 L_1 的关系

SIW 极化器的输出结果随高度 h 的变化规律如图 4-16 所示。很显然，当输出口径的高宽比 $(2h/W_1)$ 小于 0.5 时，两个主模的幅度与相位差异都比较大。当高宽比非常小时，上下介质的表面金属壁与中间的公共金属壁产生耦合效应，导致 TE_{01} 模式的电场无法被有效地激励出来，主模电场的幅度差甚至高达 80 dB。当逐渐增加高宽比至满足关系 $2h \approx W_1$ 时，可以发现幅度和相位的差异逐渐减小，最终达到满足圆极化辐射的要求。根据图中结果，当口径大小满足 $2h/W_1 = 1.13$ 时，幅度差小于 5 dB、相位差在 $100°$ 附近浮动。可见 SIW 极化器的性能受限于口径尺寸。

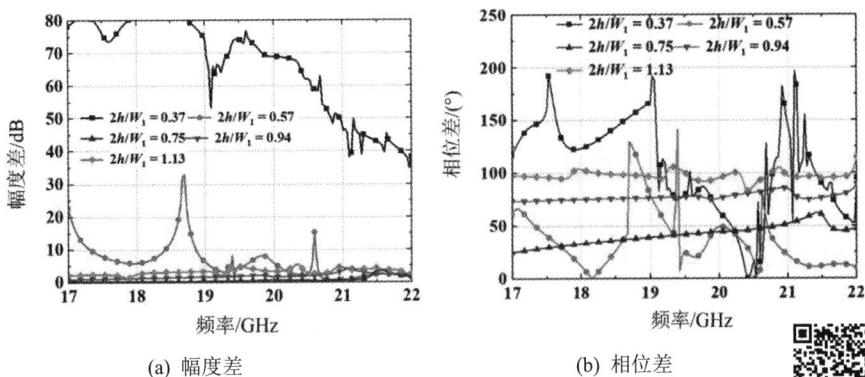

(a) 幅度差　　　　　　　　　(b) 相位差

图 4-16　两个主模电场的幅度差及相位差与基板高度 h 的关系

事实上，加载的介质不仅可以起到阻抗变换的作用，同时也可以作为极化补偿器。如图 4-17 所示，当 SIW 极化器直接作为端射辐射结构时 $(L_2 = 0$ mm，且 $2h/W_1 = 0.81)$，天线在整个频段内的轴比都比较大。然而，当极化器的尺寸保持不变时，加载介质后能够使整个频段内的轴比显著降低。

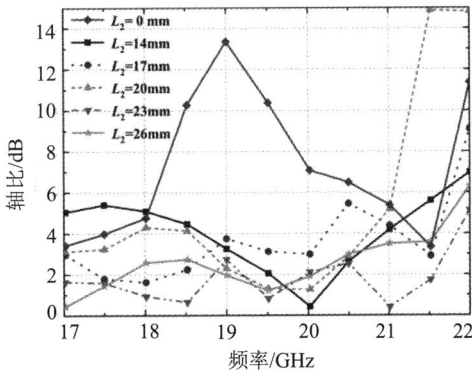

图 4-17　天线加载不同长度的介质对应的轴比

为了解释加载介质对轴比产生的影响，图 4-18 提取了介质加载极化器的端口输出场分布。从图中可以发现，加载介质后仍然能够在输出端接收到类 TE_{10} 模和类 TE_{01} 模的两个主模。加载的介质可以看成极化器的拓展结构，其中的电场分布不再受金属壁的约束。因此，根据边界条件的定义，电磁波能够沿着介质表面传播且与介质内的导波保持相同的方向。总之，由极化器产生的两个正交模式能够保持原有的方向继续传播，在介质的作用下，幅度和相位得到了一定的补偿。

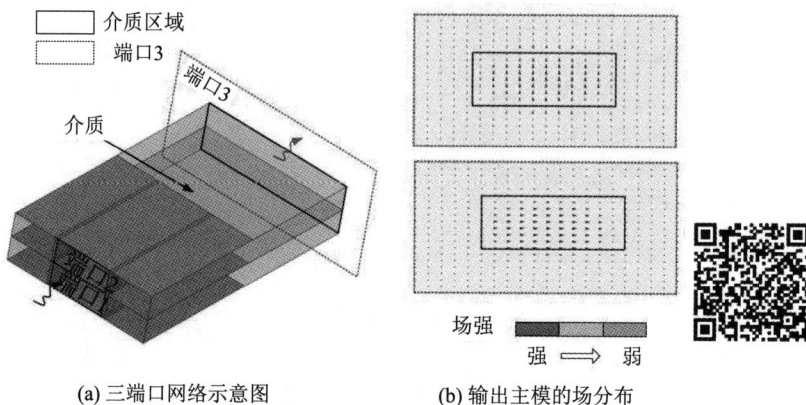

(a) 三端口网络示意图   (b) 输出主模的场分布

图 4-18   介质加载 SIW 极化器的三端口网络示意图及输出端口的场分布

此外，耦合长度 L_1 以及介质宽度 W_2 也是极化器以及加载介质的重要参数，它们对天线的轴比带宽影响非常大，如图 4-19 所示。因此，精心优化这些参数也有利于达到天线的最优性能。

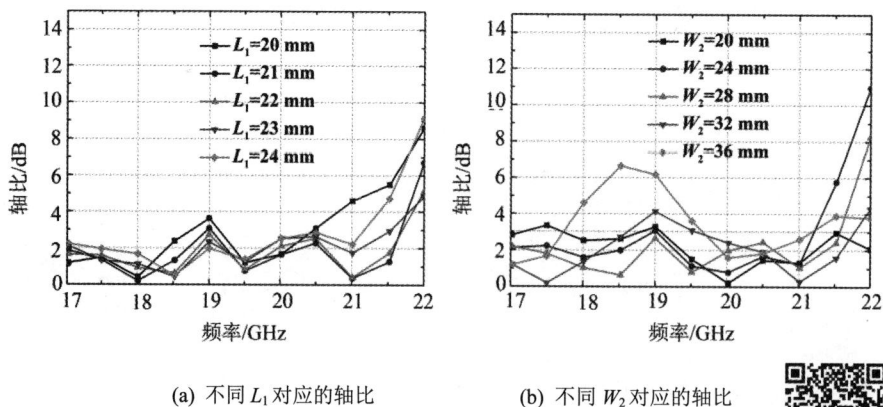

(a) 不同 L_1 对应的轴比   (b) 不同 W_2 对应的轴比

图 4-19   不同耦合槽长度和介质宽度对应的轴比

4.2.3　实验结果与讨论分析

运用 HFSS 软件对天线参数进行优化，最终参数为：$W_1 = 10.6$ mm，$W_2 = 25$ mm，$R_1 = 7.2$ mm，$R_2 = 17.8$ mm，$L_1 = 22$ mm，$L_2 = 23$ mm，$h = 4.3$ mm。连续化金属壁的间隙宽度为 0.5 mm，与金属化通孔的直径相同。天线实物如图 4-20 所示。

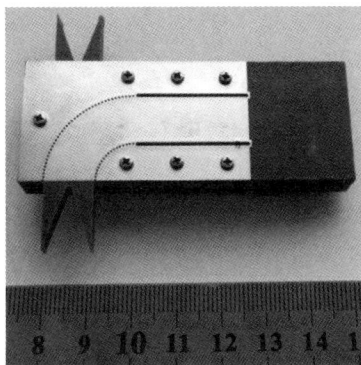

图 4-20　天线实物图

天线双端口的仿真与测试 S 参数如图 4-21、图 4-22 所示。结果表明，在 17.6～21 GHz 的频段范围内两端口的反射系数均低于 −10 dB。尽管双端口存在着差异，但是结果具有很大的相似性。此外，在该频段范围内，天线两个端口的隔离度均高于 15 dB。

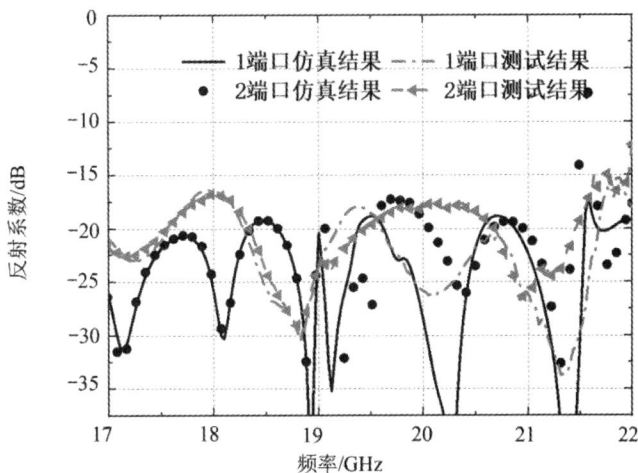

图 4-21　天线双端口的仿真与实测反射系数图

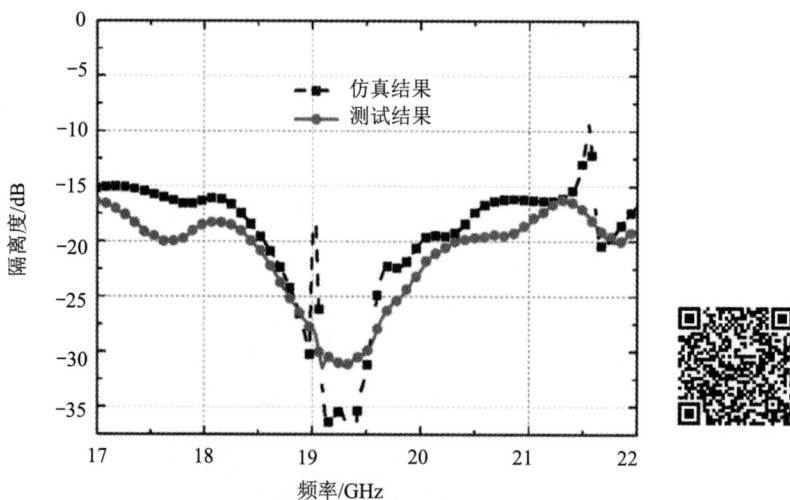

图 4-22　天线双端口的仿真与实测隔离度曲线

　　考虑到两个端口的对称性，这里仅选择在端口 1 馈电时测试远场辐射特性。图 4-23 中给出了天线在端射方向上的增益与轴比。在 17.6～21 GHz 的频段范围内，天线增益在 10.2～11.3 dBi 之间，且轴比均小于 3 dB。天线的 3 dB 轴比带宽为 17.6%。图 4-24 为激励端口 1 时在三个频点的仿真与测试方向图。此时天线具有右旋圆极化辐射特性，交叉极化电平低于 −15 dB，且在主瓣方向都具有很低的交叉极化电平。

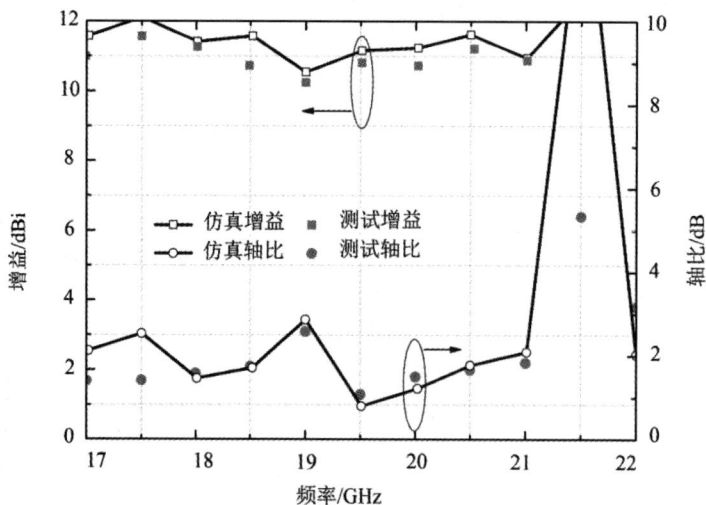

图 4-23　端口 1 馈电时天线的仿真与实测端射增益和轴比曲线

(a) 20.2 GHz、xy面

(b) 23.5 GHz、xy面

(c) 26.7 GHz、xy面

(d) 20.2 GHz、yz面

(e) 23.5 GHz、yz面

(f) 26.7 GHz、yz面

- - - 仿真右旋圆极化　—— 测试右旋圆极化
- · - 仿真左旋圆极化　· · · · 测试左旋圆极化

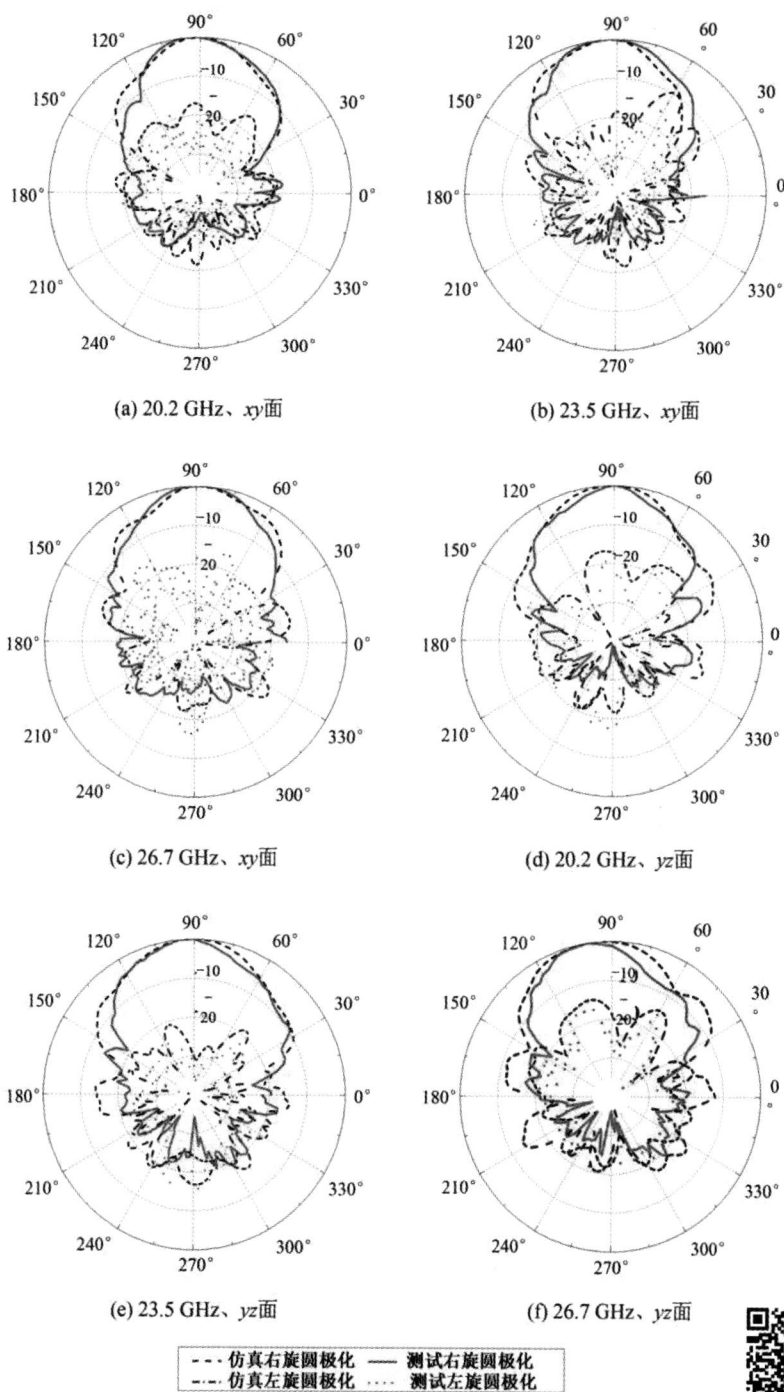

图 4-24　端口 1 馈电时天线的仿真与实测远场方向图

4.3　并联互补型圆极化 SIW 端射天线

本章前两节内容主要围绕 SIW 极化器展开，SIW 极化器是借鉴波导极化器的构造，利用 PCB 技术实现的一种平面结构。输入的电磁波在 SIW 极化器的作用下能够满足产生圆极化端射辐射的基本条件，继而分别通过喇叭结构以及介质加载结构实现宽带双圆极化 SIW 端射天线的设计。相比于波导极化器，尽管 SIW 极化器降低了工艺复杂度且减轻了重量，但是其性能仍依赖于极化器的口径尺寸。从目前的结果来看，当在 30 GHz 以下的工作频率利用常规的商用基板时，采用 SIW 极化器馈电结构无法实现端射天线的宽带圆极化特性。为此，本节将继续介绍一种更为常规的圆极化端射天线的设计方法。前文已经提到，目前学者已经分别实现了水平极化和垂直极化 SIW 端射天线的设计，当这两者组合在一起时，即满足了圆极化辐射的条件之一——具有相互正交的电场分布。通过进一步在正交模式的电场之间产生 90° 的相位差，就能够满足圆极化辐射的所有条件。

4.3.1　天线结构

本节要介绍的天线结构如图 4-25 所示。整个天线包含两部分：馈电结构和辐射结构。馈电结构采用 SIW 定向耦合器为两个极化正交的单元提供 90° 相位差。辐射结构包含两个天线单元，其中一个是水平极化的 SIW 对距槽渐变天线，另外一个是垂直极化的开路 SIW 辐射器。考虑到两个单元的极化特性不同，每个单元的窄壁采用不同的实现形式。开路 SIW 辐射器仍采用金属化通孔形式的窄壁，通孔直径为 d、间距为 p。由于 SIW 对距槽渐变天线中传播垂直于窄壁方向的电场，因此为了避免电磁波从通孔缝隙中泄漏出去，该单元对应的窄壁采用连续化金属壁的形式，窄壁的间隙大小为 d。两个单元之间的间距为 l_4。为了验证仿真结果，我们采用 Rogers 5880 板材进行了实物加工并完成了相应的测试。基板介电常数为 2.2，损耗角正切值为 0.009，高度为 2 mm。

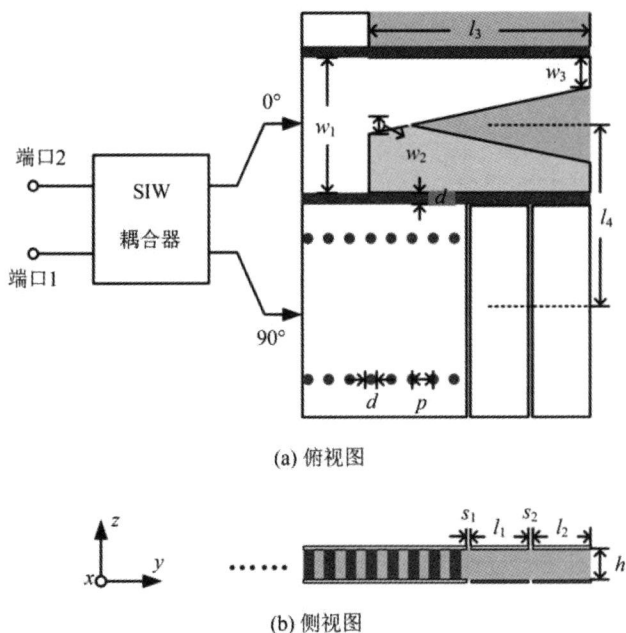

(a) 俯视图

(b) 侧视图

图 4-25　并联互补型圆极化 SIW 端射天线结构示意图

4.3.2　工作原理

SIW 对跖槽渐变天线的几何结构如图 4-25(a)所示，渐变槽的两片金属覆盖在基板的正反两面，为了实现宽带特性，两片金属设置了宽度为 w_2 的重叠区域。对跖金属贴片以渐变的形式沿着传播方向将 SIW 中垂直极化的电场转变成水平极化的电场。由于 SIW 槽渐变天线是产生水平电场分量的主要来源，因此分析结构参数(w_2、w_3、l_3、h)对水平极化特性的影响能够为设计圆极化端射天线提供指导。

如图 4-26 所示，相较于其他两个参数，交叠区域宽度 w_2 以及介质厚度 h 对天线极化特性的影响更为明显。当上下金属贴片没有交叠时，例如 $w_2 = -3\,\mathrm{mm}$，水平极化分量与垂直极化分量几乎具有相同的贡献。当交叠宽度逐渐增加时，水平极化分量起主要作用。此外，天线极化特性对介质厚度表现出较大的依赖性。当介质较厚时，如 $h = 5\,\mathrm{mm}$，水平极化和垂直极化分量相当。这一性质可以用于设计基于厚基板的圆极化 SIW 对跖槽渐变天线。另外两个参数也对天线的极化特性产生一定的影响，需要优化设计以实现理想的圆极化性能。

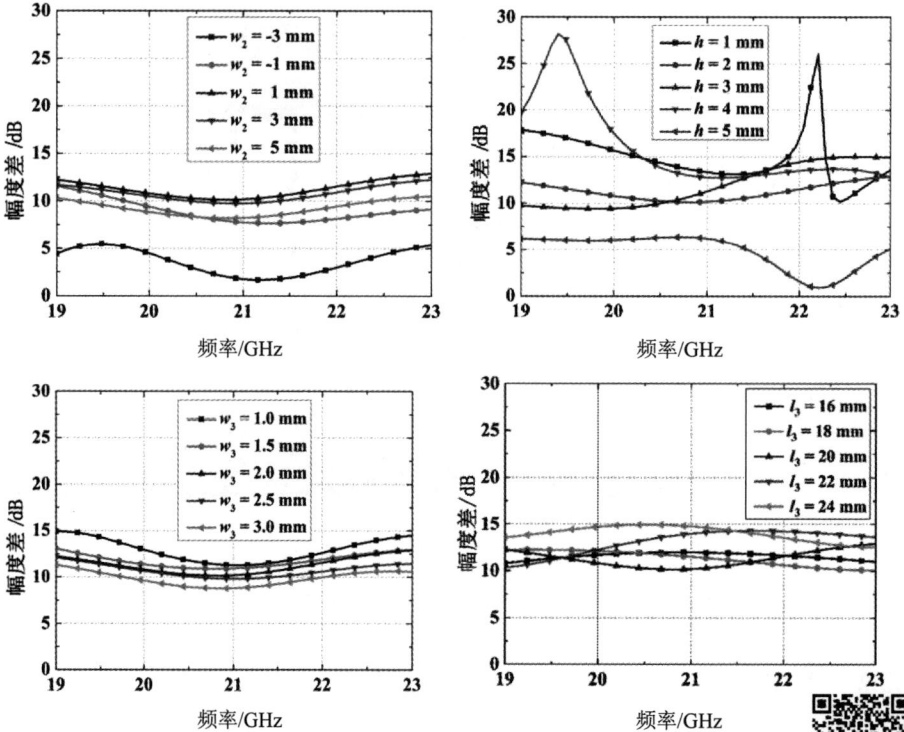

图 4-26　SIW 对跖槽渐变天线的极化特性变化曲线

文献[30]中提出一种将开路的波导直接作为端射辐射结构的设计思路，在 20.7 GHz 的谐振频率上取得了 1 GHz 左右的阻抗带宽。这种结构的最大优点在于实现垂直极化端射辐射特性的同时保持波导口径不变。将这种结构移植到 SIW 结构中并在口径处加载平面过渡栅，能够实现宽带垂直极化 SIW 口径天线的设计。

首先利用平面过渡栅结构设计宽带的 SIW 开路辐射器单元。当只加载一阶过渡栅时，其对应的谐振频率为[84]

$$f_{r1} = \frac{c}{2L_{eq}\sqrt{\varepsilon_r}} \tag{4-1}$$

其中 L_{eq} 是等效长度，可以近似为 $L(1 + 0.7h/L)$。当引入两阶以上过渡栅后，由于过渡栅之间间距 s 的存在，相邻金属贴片之间能够存储电荷，产

生耦合电容，从而使谐振频率 f_{r1} 产生频率偏移[85]。因此，当引入两阶金属栅后，能够分别产生高于和低于 f_{r1} 的谐振频率 f_{r2+} 和 f_{r2-}，即

$$f_{r2\pm} = \frac{f_{r1}}{\sqrt{1 \mp k_2}} \tag{4-2}$$

其中 k_2 为耦合系数。

为了验证上述分析过程，我们引入一个波端口激励的 SIW 开路辐射器。图 4-27 中对比了加载/未加载过渡栅时天线的反射系数。结果表明，通过加载过渡栅结构，这种小型化 SIW 端射辐射器的阻抗带宽能够实现有效的展宽，因此联合水平极化 SIW 对跖槽渐变天线可以设计出宽带圆极化端射天线。

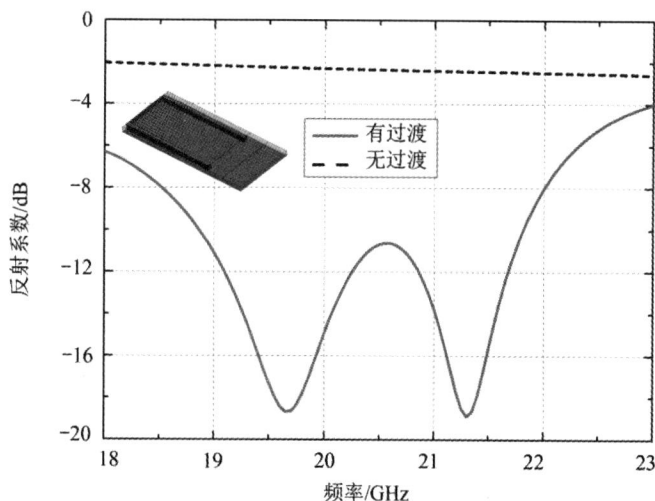

图 4-27　加载/未加载金属过渡栅的 SIW 开路端射辐射器的反射系数对比图

由于 SIW 开路辐射器的阻抗带宽受限于其几何参数，而 SIW 对跖槽渐变天线的阻抗带宽相对稳定，因此仅改变 SIW 对跖槽渐变天线的几何参数以及单元之间的距离来研究整个天线的轴比性能，结果见图 4-28。首先，由于参数 w_2 和 w_3 影响 SIW 对跖槽渐变天线的水平极化特性，因此当调节这些参数时，天线的轴比性能会随之变化。此外，由于两个单元中的相移常数不同，调节渐变槽长度能够调整两单元之间的相位差并最终改变天线的轴比。图中结果还表明，单元之间的间距需要精心优化以实现理想

的圆极化特性。

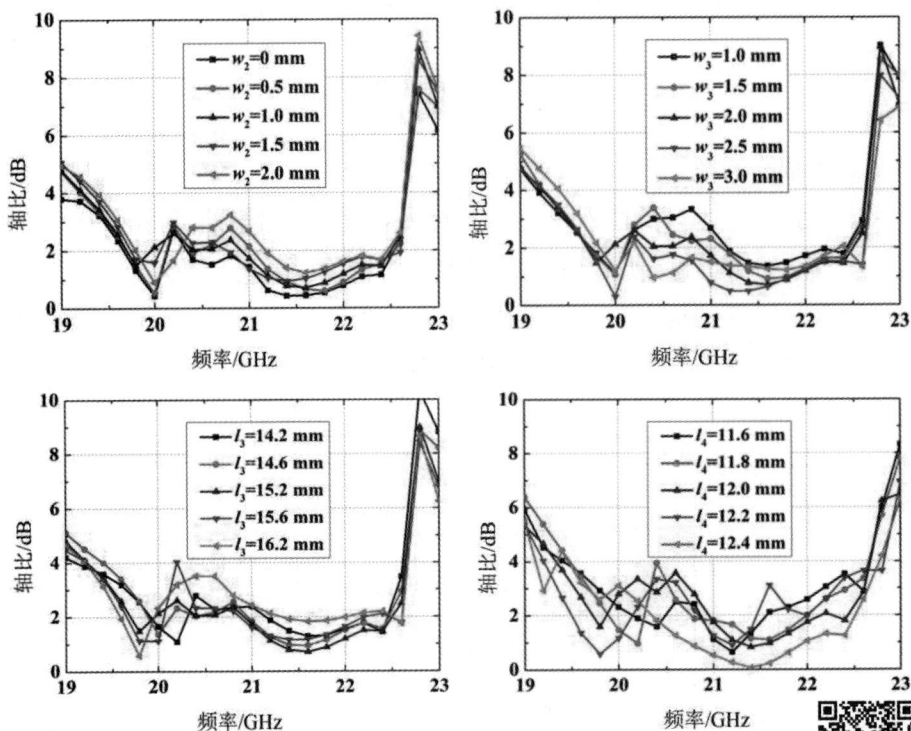

图 4-28　天线的端射轴比随几何参数的变化规律

天线的馈电结构见图 4-29。SIW 窄壁定向耦合器用于提供两单元之间 90°的相位差。共面波导起到 SIW 到 SMA 接头的转接作用。

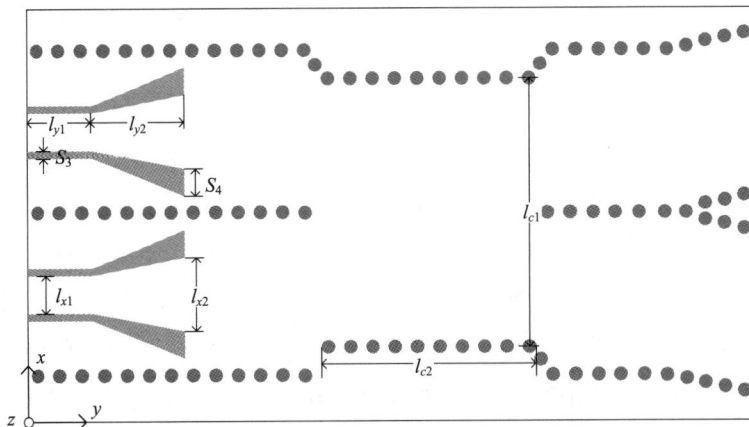

图 4-29　SIW 窄壁定向耦合器结构示意图

4.3.3　实验结果与讨论分析

基于上述工作原理以及参数分析过程，我们结合 HFSS 仿真软件的优化设计，最终将优化后的模型进行了实物加工，天线实物如图 4-30 所示。在实际使用中，信号从端口 1 输入，端口 2 加载 50 Ω 的匹配负载。该天线的尺寸为 27 mm× 65 mm，优化后的参数为：$w_2 = 1$ mm，$w_3 = 2$ mm，$l_1 = 4.2$ mm，$l_2 = 4.2$ mm，$l_3 = 15.2$ mm，$l_4 = 12.2$ mm，$l_{x1} = 2.7$ mm，$l_{x2} = 4.1$ mm，$l_{y1} = 4$ mm，$l_{y2} = 6$ mm，$s_1 = 0.1$ mm，$s_2 = 0.1$ mm，$s_3 = 0.2$ mm，$s_4 = 1.9$ mm，$l_{c1} = 16.2$ mm，$l_{c2} = 14.8$ mm，$h = 2$ mm。金属化通孔的直径 d 为 0.8 mm、孔距 p 为 1.6 mm，连续化金属壁的间距也为 0.8 mm。

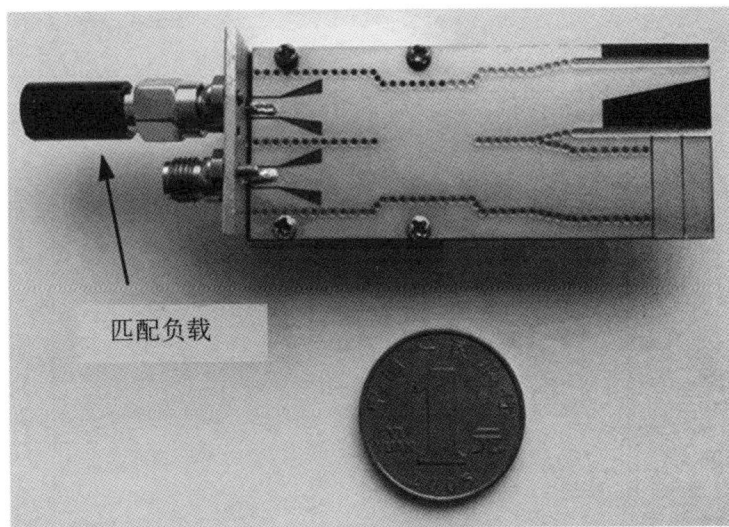

匹配负载

图 4-30　天线实物图

图 4-31 中对比了天线的仿真与实测反射系数。图中结果表明实测反射系数的两个谐振频率(20.3 GHz 和 21.8 GHz)相较于仿真结果(20.7 GHz 和 22.5 GHz)有所降低，两个谐振频点之间的阻抗匹配也变得较差。考虑到加工误差以及反射系数小于−10 dB 的范围，测试误差仍可以被接受。此外，如图 4-32 所示，尽管在 21.9 GHz 频点处出现了不理想的凹陷，但双端口的测试隔离度与仿真结果仍具有相似的趋势。在 19～22 GHz 的频段范围内，两端口的隔离度小于 −15 dB。

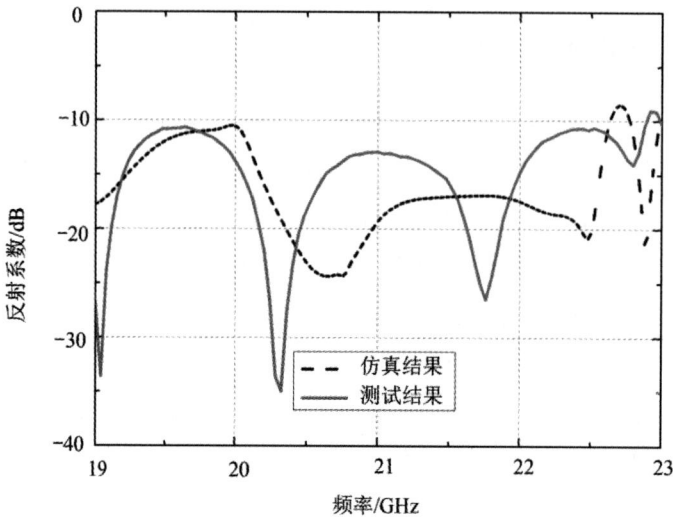

图 4-31　天线的仿真与测试反射系数

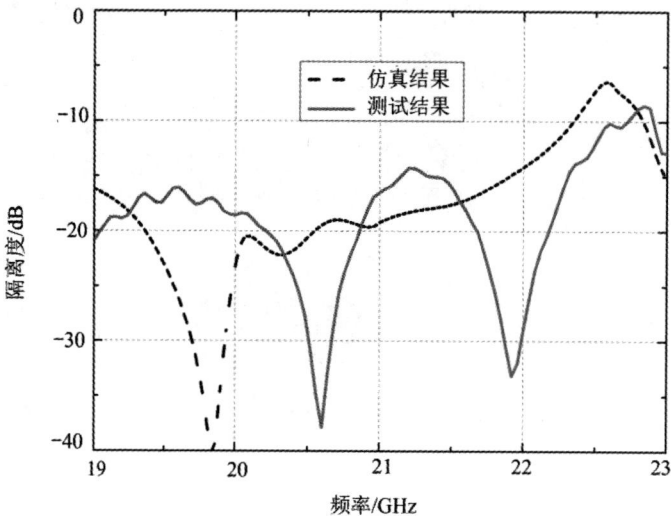

图 4-32　天线的仿真与测试端口隔离度

图 4-33 至图 4-35 分别从不同角度刻画了天线的远场辐射特性。

图 4-33 中结果表明，在 19.5～22 GHz 的频段范围内，天线的端射增益高于 5 dBi。在该频段范围内，天线的实测轴比也都小于 3 dB。

图 4-34 中给出了天线在 21 GHz 频点处的仿真三维方向图。由于该天线中采用的单元形式完全不同，因此最终在远场叠加而成的方向图表现出一定的不对称性。

图 4-35 中进一步给出了天线在 21 GHz 频点处两个不同截面的远场方向图。由于两个单元的辐射特性不同，因此整个天线的旁瓣电平比较高，在偏离主瓣的方向上，交叉极化特性比较差，这一现象在 xy 面表现得尤为明显。在端射方向上，天线的交叉极化电平低于 $-15\,\mathrm{dB}$。该天线具有左旋圆极化辐射特性。

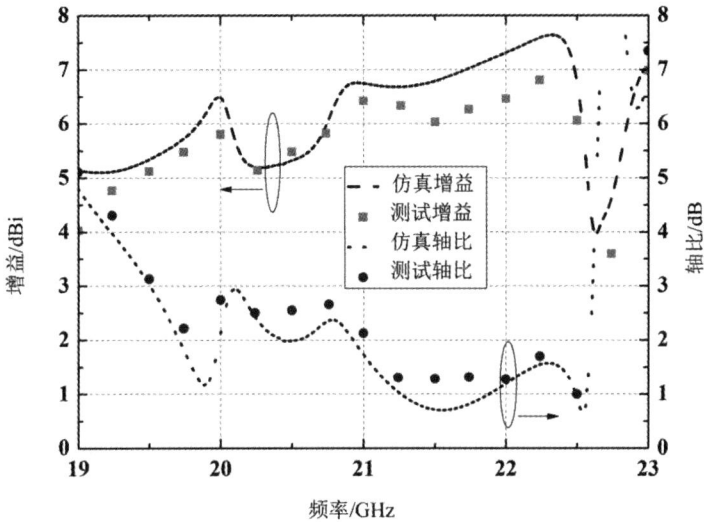

图 4-33　天线的仿真与测试轴比和增益曲线

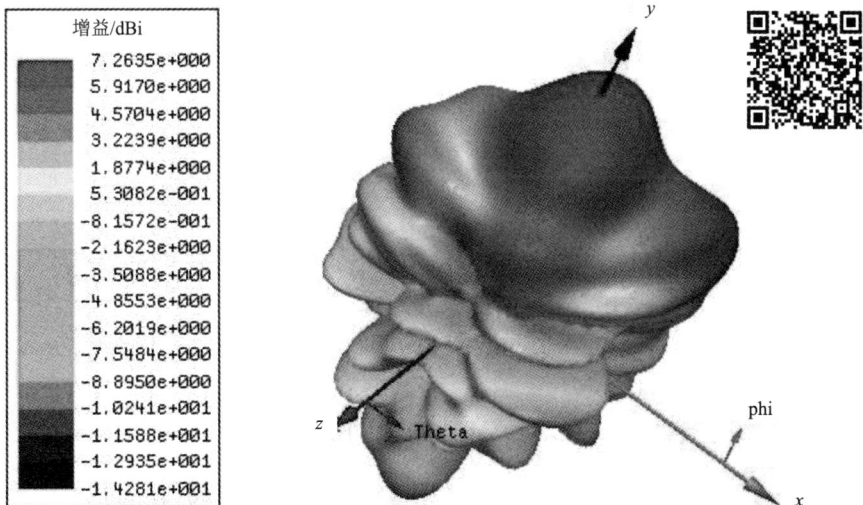

图 4-34　天线在 21 GHz 频点处的仿真三维方向图

(a) xy 面   (b) yz 面

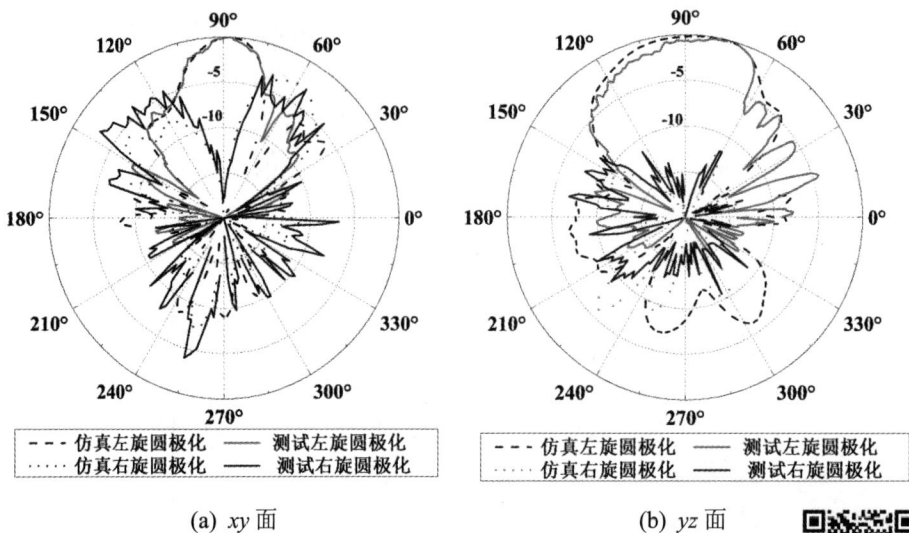

图 4-35   天线在 21 GHz 频点处的仿真与测试方向图

4.4   串联互补型圆极化 SIW 端射天线及其阵列

上节介绍了一种并联互补型的圆极化 SIW 端射天线，该结构需要两个极化正交的单元并列放置，并需要加载外部馈电网络以提供单元之间的 90° 相位差。尽管该结构可以实现圆极化端射辐射特性，但是附加的馈电网络导致该结构不易于扩展成更大规模的天线阵列。文献[86][87]中提出了一种新颖的圆极化微带天线的设计方法，该设计将印刷磁偶极子与一个环形结构或者一个电偶极子组合。尽管该方法能够实现圆极化端射辐射特性，但是存在着显著的缺陷，如阻抗带宽窄、馈电方式受限以及不易组阵等。为此，本节介绍了一种串联互补型的圆极化 SIW 端射天线，并构建了一个四元端射天线阵。

4.4.1   阵列结构

基于串联互补型圆极化 SIW 端射单元的四元天线阵如图 4-36 所示。天线阵包含两部分，即四个天线单元和一个 SIW 四路 T 型功分器。天线单元如图中虚线框区域所示。对于每一个天线单元，SIW 口径前面都加载了一个长度为 l_3 的三角形巴伦结构。总长度为 l_1 的电偶极子与巴伦结构的末端相连接，且中心对称地放置在基板两面。电偶极子与 SIW 口径的距离记为 l_2。在单元结构的基础上，采用四路 T 型功分器馈电可以实现四元天线阵的设计，阵元间距为 d_a。此外，在电偶极子末端加载了延伸长度为 l_4 的介质，以进一步提升天线的辐射特性。

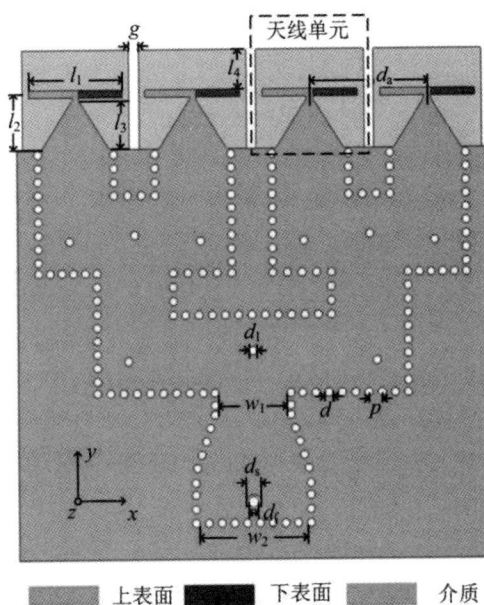

图 4-36　串联互补型圆极化 SIW 端射四元天线阵的结构示意图

天线阵列采用同轴探针到 SIW 的转接结构进行馈电[88]。馈电同轴探针的直径为 d_f，在同轴探针与上层金属贴片中间有一个直径为 d_s 且与该同轴探针同心的圆形缝隙。经过宽度为 w_2 的 SIW 到宽度为 w_1 的 SIW 的过渡作用，能够实现探针到 SIW 过渡结构的宽带设计。天线阵采用厚度为 2.032 mm、型号为 Rogers 5880 的基板，该材料的介电常数为 2.2，损耗角正切值为 0.009。

4.4.2　工作原理

天线单元结构如图 4-37 所示。天线在远场的辐射主要由 SIW 口径以及印刷电偶极子产生。如图所示，SIW 口径能够产生主要沿 z 轴方向的电场分量，而电偶极子产生主要沿 x 轴方向的电场分量，两种电场模式相互正交。SIW 口径与印刷电偶极子之间间距为 l_2，该距离能够为两种正交的场分量提供 $90°$ 的相位差。至此，实现圆极化端射辐射的必要条件都已经满足。

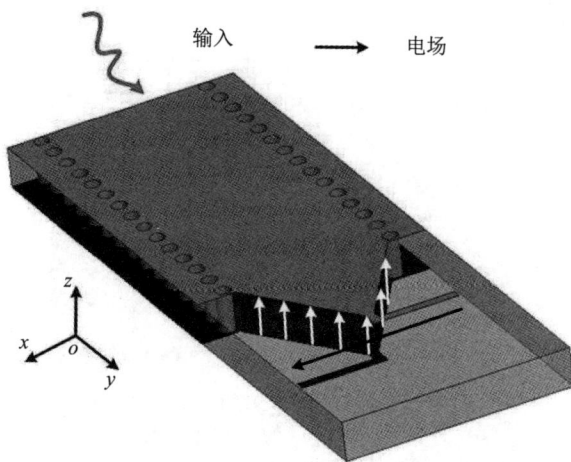

图 4-37　串联互补型圆极化 SIW 端射单元结构示意图

　　天线的圆极化性能主要取决于电偶极子的长度 l_1 以及 SIW 口径与电偶极子的间距 l_2。首先，电偶极子的长度应设定为 $\lambda_0/2$，其中 λ_0 为自由空间波长。然后确定间距 l_2 的初始值，由于空间位置的不同，在 y 轴方向上，SIW 口径滞后于电偶极子的相位为

$$\Delta\varphi_1 = -\frac{2\pi l_2}{\lambda_0} \tag{4-3}$$

同时，由于馈电的先后顺序，电偶极子滞后于 SIW 口径的相位为

$$\Delta\varphi_2 = \frac{2\pi l_2}{\lambda_g} \tag{4-4}$$

其中 λ_g 为波导波长。因此，为实现圆极化端射特性，需满足

$$\Delta\varphi_1 + \Delta\varphi_2 = \frac{\pi}{2} \tag{4-5}$$

求解得

$$l_2 = \frac{0.25\lambda_0\lambda_{\mathrm{g}}}{\lambda_0 - \lambda_{\mathrm{g}}} \tag{4-6}$$

依据上述公式，能够基本确定天线的工作频率，图 4-38、图 4-39 进一步给出了上述两个参数对天线性能的影响规律。

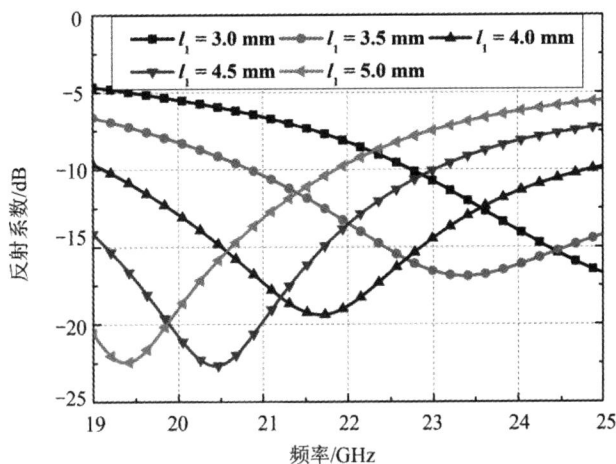

图 4-38　单元反射系数随电偶极子长度 l_1 的变化规律

($l_2 = 7$ mm，$l_3 = 6$ mm，$l_4 = 8$ mm)

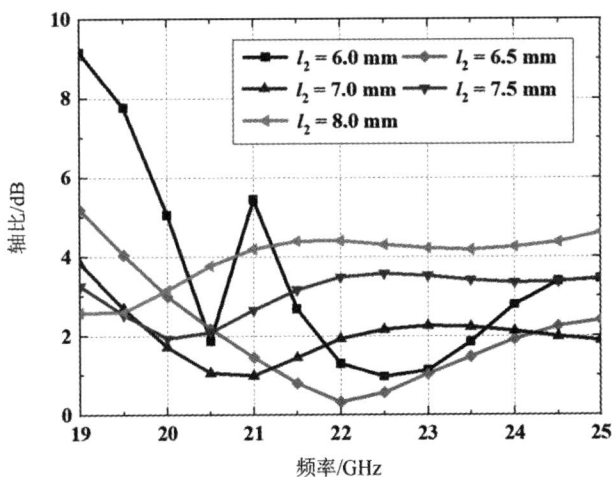

图 4-39　单元轴比随间距 l_2 的变化规律

($l_1 = 8$ mm，$l_3 = 6$ mm，$l_4 = 8$ mm)

确定上述两个主要参数后，就满足了实现圆极化辐射的必要条件。然而 SIW 开路辐射器通常阻抗带宽非常窄，且辐射特性差。因此，当电偶极子直接与 SIW 口径相连时，圆极化单元的阻抗带宽非常窄，如图 4-40 所示。当在 SIW 口径与电偶极子之间引入一个三角形的巴伦结构时，SIW 的有效口径得到扩展，因此天线的阻抗带宽和轴比带宽都能显著展宽。此外，如图 4-41 所示，在电偶极子末端加载的介质能够进一步增强端射辐射。

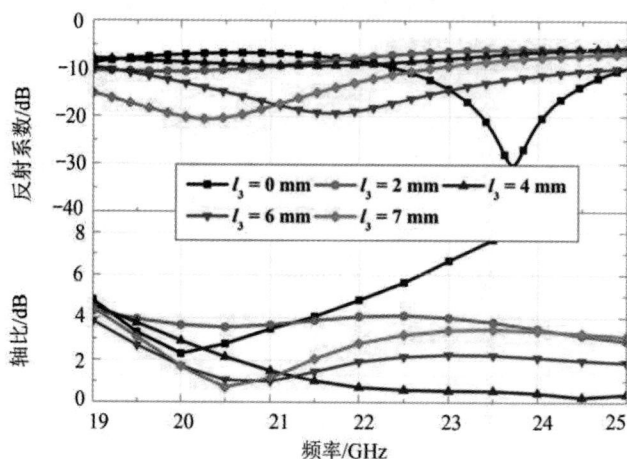

图 4-40　单元反射系数和轴比随巴伦结构长度 l_3 的变化规律

($l_1 = 8$ mm，$l_2 = 7$ mm，$l_4 = 8$ mm)

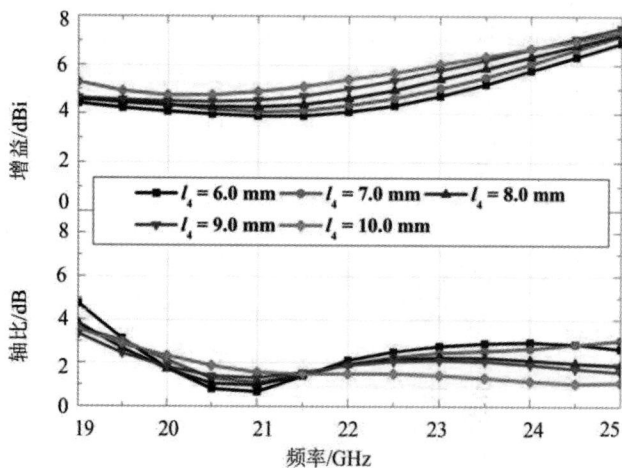

图 4-41　单元增益和轴比随介质长度 l_4 的变化规律

($l_1 = 8$ mm，$l_2 = 7$ mm，$l_3 = 6$ mm)

两个单元之间的隔离度如图 4-42 所示，单元之间引入了一条间隙以降低单元互耦。结果表明，在整个频段范围内单元之间的隔离度低于 −19 dB。

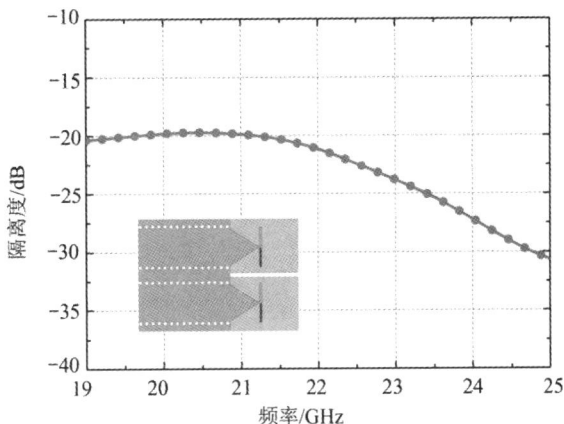

图 4-42　单元的隔离度曲线

4.4.3　实验结果与讨论分析

基于上述单元的设计过程，当采用一个 N 路 T 型功分器作为馈电结构时，就能够实现圆极化端射天线阵的设计。本节以四元阵为例进行说明，使用 HFSS 软件进行优化，优化后的参数为：$l_1 = 9.7\,\text{mm}$，$l_2 = 5.6\,\text{mm}$，$l_3 = 4.9\,\text{mm}$，$l_4 = 10\,\text{mm}$，$w_1 = 6.9\,\text{mm}$，$w_2 = 10.8\,\text{mm}$，$d_a = 12\,\text{mm}$，$d_1 = 0.8\,\text{mm}$，$d_f = 1\,\text{mm}$，$d_s = 1.5\,\text{mm}$，$g = 1\,\text{mm}$，$p = 1.4\,\text{mm}$，$d = 0.8\,\text{mm}$，$h = 2.032\,\text{mm}$。四元天线阵实物见图 4-43。

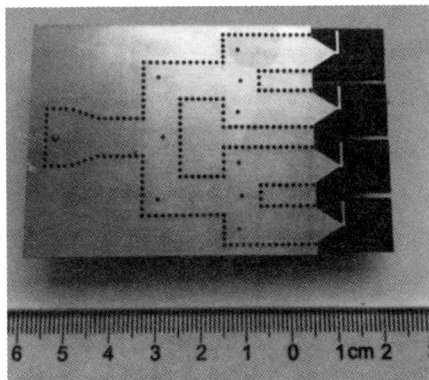

图 4-43　四元天线阵实物图

天线阵的仿真与测试反射系数如图 4-44 所示。该天线的阻抗带宽覆盖

19.4～22.4 GHz 的频段范围，相对带宽为 14.3%。仿真与测试结果具有很高的吻合度。

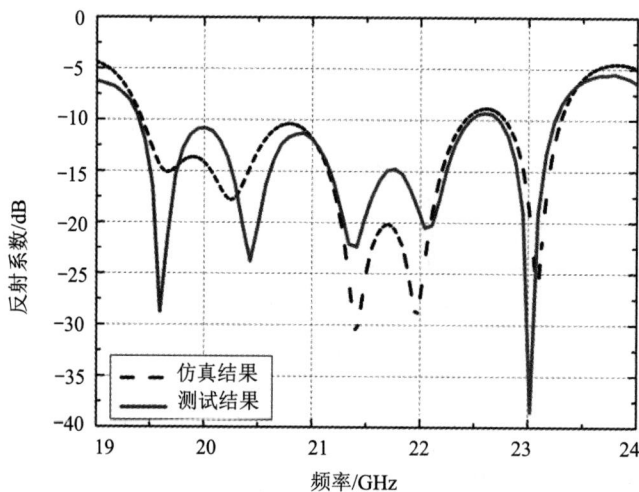

图 4-44　四元天线阵的仿真与测试反射系数

图 4-45 中给出了四元天线阵的仿真与测试增益和轴比曲线。在 19.4～22.4 GHz 的频段范围内，天线阵的实测增益在 8.5～9.7 dBi 的范围内变化，损耗为 0.6 dB。在该频段范围内，天线阵的实测轴比均小于 3 dB。

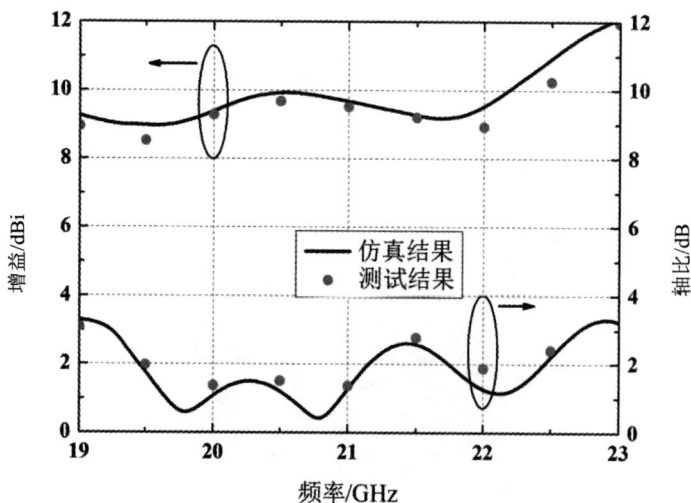

图 4-45　四元天线阵的仿真与测试轴比和增益曲线

该天线阵在中心谐振频点的仿真与测试方向图如图 4-46 所示。结果表明，该天线阵具有左旋圆极化端射辐射特性。在端射方向上的交叉极化电平小于 −20 dB。此外，当印刷电偶极子关于 SIW 口径以对称的方式放置时，该天线阵具有右旋圆极化的辐射特性。当加载多节电偶极子时，能够实现多频、双圆极化的辐射特性。

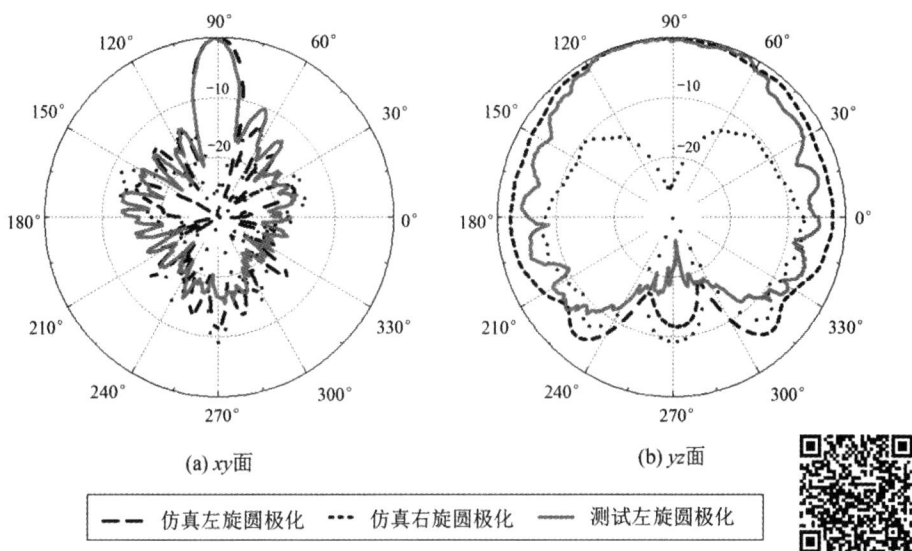

(a) *xy*面　　　　(b) *yz*面

—— 仿真左旋圆极化　······ 仿真右旋圆极化　—— 测试左旋圆极化

图 4-46　四元天线阵在 20.9 GHz 频率下的仿真与测试方向图

本 章 小 结

　　本章针对 SIW 难以在端射方向上实现圆极化的结构特征，介绍了两类有代表性的解决方案，即分别采用 SIW 极化器馈电结构以及正交互补结构。其主要创新点包括：

　　(1) 平面的 SIW 极化器结构作为馈电结构时，能够在端射方向上提供正交的电场分量以及需要的相位差，在此基础上实现了宽带圆极化 SIW 喇叭天线的设计。

　　(2) 为了克服圆极化性能对喇叭张角以及长度的结构依赖，并进一步减小天线尺寸，对于 SIW 极化器馈电的圆极化介质端射天线，加载的介质能够起到极化补偿器的作用，有效地展宽了天线的轴比带宽，并实现了尺寸的缩减。

(3) 为了实现圆极化端射能力，同时保持结构的低剖面特性，介绍了并联互补型的实现方案。两个正交极化、并列放置的单元提供正交的电场分量，当在外部加载耦合器时能够产生需要的相位差，从而可以实现圆极化端射天线的设计。

(4) 为了便于圆极化端射天线阵的设计，分析了一种串联互补型端射天线。产生水平极化分量的电偶极子直接放置在 SIW 口径处，整个单元仅占据一个 SIW 口径的宽度，四元天线阵的成功设计验证了该方案的有效性。

第 5 章　SIW 端射天线的人工电磁结构加载技术

就目前的研究成果来看，由于 SIW 口径天线具有垂直极化特性和单一的平面化结构，加载人工电磁结构的垂直极化 SIW 端射天线并不多见。由于人工电磁结构已经被广泛地证明具有强大的调控电磁波的能力，因此有理由相信 SIW 口径处的阻抗失配能够通过加载合适的人工电磁结构得到很好的解决。需要注意的是，为了设计宽带的 SIW 端射天线，相应的人工电磁结构必须具有宽带响应，因此相比于谐振结构，在实际设计中更倾向于选择非谐振式的人工电磁结构设计宽带 SIW 端射天线[89]。

5.1　低剖面宽带 SIW 喇叭天线及其阵列设计

5.1.1　天线结构

图 5-1 中给出了新型 SIW 喇叭天线的拆分图与俯视图。整个天线可以分成两个部分，即常规的 SIW 喇叭天线与蘑菇状的人工电磁结构。整个天线结构采用厚度为 1.016 mm、介电常数为 2.2、损耗角正切值为 0.009 的 Rogers 5880 高频基板。平面喇叭天线的张角为 α，喇叭口径宽度为 w_3。蘑菇状的人工电磁结构由两端均短路于方形金属贴片的金属化通孔构成，该结构直接放置在喇叭口径处。人工电磁结构的特性由金属化通孔直径 d、

贴片间隔 g 以及单元周期 p 共同决定。采用直径为 d_f 的馈电同轴探针避免馈电带来的辐射损耗。

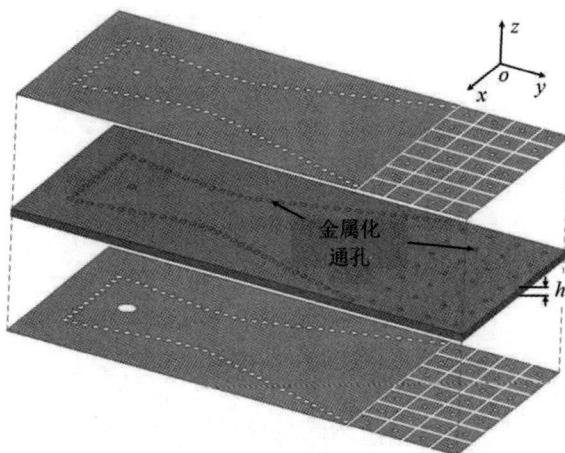

(a) 拆分图

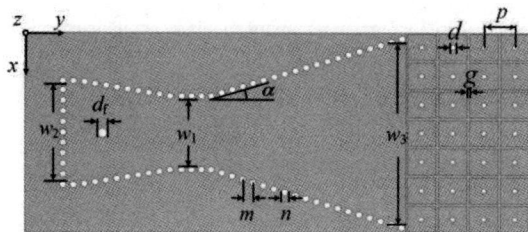

(b) 俯视图

图 5-1　人工电磁结构加载的 SIW 喇叭天线结构示意图

5.1.2　工作原理

为了衡量蘑菇状结构对 SIW 喇叭天线的贡献，将加载人工电磁结构与未加载人工电磁结构的天线的反射系数进行对比，如图 5-2 所示。对于常规的 SIW 喇叭天线，工作阻抗带宽非常窄，当人工电磁结构加载到喇叭口径处时，天线的阻抗带宽显著地提升到大于 10%。为了直观地解释阻抗带宽显著展宽的原因，在图 5-3 中将加载人工电磁结构与未加载人工电磁结构的 SIW 喇叭天线的输入阻抗进行了比较。观察图中结果可以发现，对于未加载任何结构的 SIW 喇叭天线，只有在 14.7 GHz 的频率处，天线输入阻抗的实部约等于 SIW 的特性阻抗，其虚部接近于 0，因此表现出非常窄的阻抗带宽。通过加载人工电磁结构，能够在 14～17 GHz 的宽频段范围内实现良好的阻抗匹配。在该频段范围内输入阻抗的实部接近于 SIW 的特性阻抗，虚部接近于 0。这里仅采用 $0.05\lambda_0$ 厚度的基板，这是目前设计宽带喇叭天线的最薄厚度，进一步验证了人工电磁结构在调控电磁特性方面的优越性。

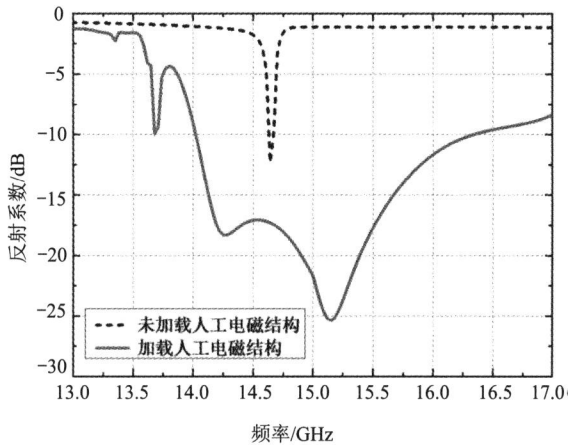

图 5-2　未加载/加载人工电磁结构的 SIW 喇叭天线反射系数对比图

($w_1 = 9$ mm，$\alpha = 18°$，$w_3 = 24.5$ mm，$d = 0.6$ mm，$p = 3.8$ mm，$g = 0.3$ mm，$h = 1.016$ mm)

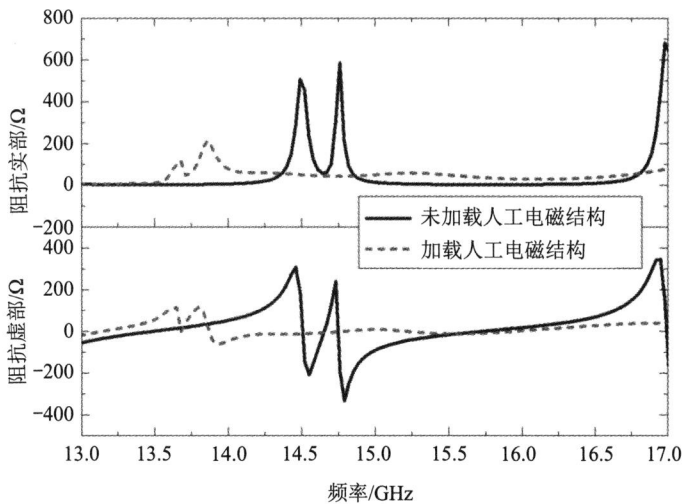

图 5-3　未加载/加载人工电磁结构的 SIW 喇叭天线输入阻抗曲线图

　　对于本节介绍的蘑菇状人工电磁结构，其本构参数取决于通孔直径 d、贴片间隙 g 以及单元周期 p，本构参数最终影响到 SIW 喇叭天线的阻抗带宽。图 5-4 至图 5-6 给出了天线的反射系数随人工电磁结构参数的变化规律，表 5-1 中归纳了相应的变化规律。依据表中的变化规律，能够在需要的频段上设计宽带喇叭天线。从本质上讲，蘑菇状人工电磁结构可以等效成 C-L 电路，其中贴片间隙和接地金属化孔可以分别等效为串联电容和并联电感。当人工电磁结构的参数调整后，对应等效电路的阻抗也相应地发生变化，因此可以在不同的频率实现良好的阻抗匹配。

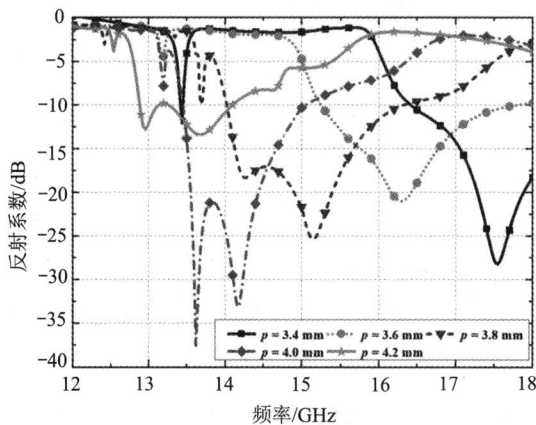

图 5-4　SIW 喇叭天线的反射系数随周期 p 的变化规律

($w_1 = 9$ mm，$\alpha = 18°$，$w_3 = 24.5$ mm，$d = 0.6$ mm，$g = 0.3$ mm，$h = 1.016$ mm)

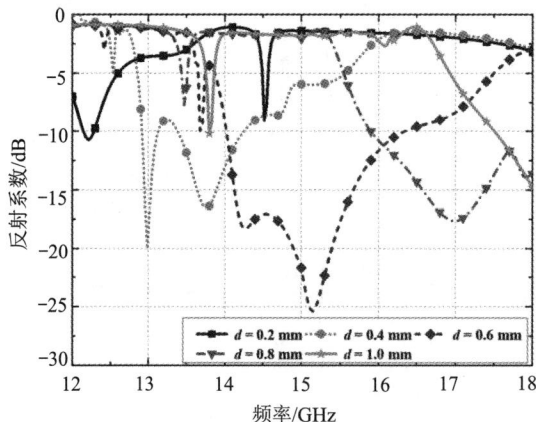

图 5-5　SIW 喇叭天线的反射系数随直径 d 的变化规律

($w_1 = 9$ mm，$\alpha = 18°$，$w_3 = 24.5$ mm，$p = 3.8$ mm，$g = 0.3$ mm，$h = 1.016$ mm)

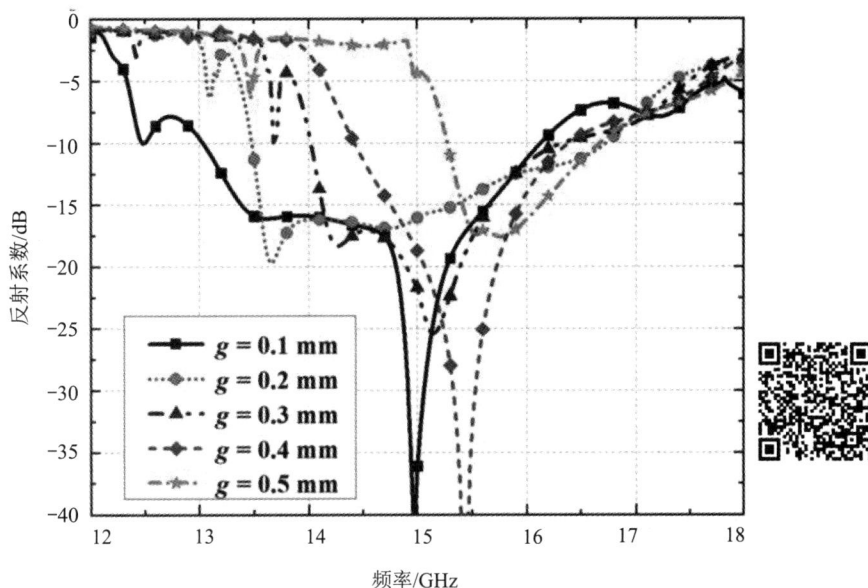

图 5-6　SIW 喇叭天线的反射系数随贴片间隙 g 的变化规律

($w_1 = 9$ mm，$\alpha = 18°$，$w_3 = 24.5$ mm，$d = 0.6$ mm，$p = 3.8$ mm，$h = 1.016$ mm)

表 5-1　SIW 喇叭天线的工作频段随单元参数的变化规律

P 的变化	d 的变化	g 的变化	工作频段的变化
增加	保持不变	保持不变	下移
保持不变	增加	保持不变	上移
保持不变	保持不变	增加	上移

　　图 5-7 中给出了天线的三维远场方向图。不同于常规的 SIW 喇叭天线，该天线具有新颖的背向辐射特性。为了解释这一现象，我们对人工电磁结构单元进行了分析。图 5-8 中给出了在 HFSS 软件中对单元进行参数提取的仿真环境设置，可以发现，激励的电场方向平行于金属化通孔，这与实际放置到喇叭口径处的极化条件一致，确保了提取结果的正确性。图 5-9 中给出了 HFSS 软件提取的单元色散曲线。结果表明在 13.8～16.3 GHz 的频段范围内，该结构支持左手模式的后向波传播，从而使该 SIW 喇叭天线具有后向端射辐射特性。

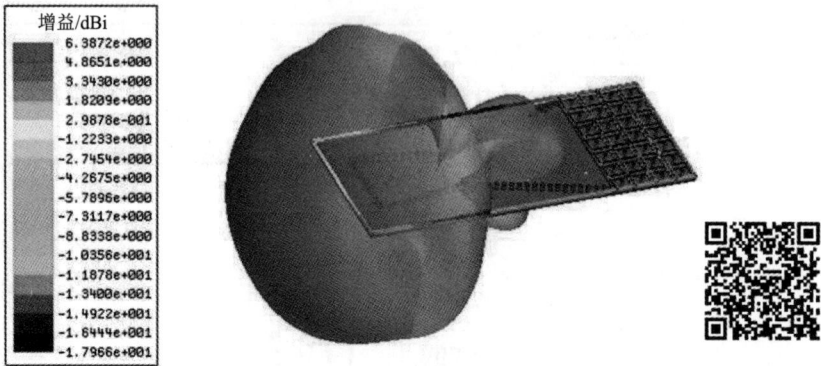

图 5-7　SIW 喇叭天线在 15 GHz 频率处的三维远场方向图

($w_1 = 9$ mm，$\alpha = 18°$，$w_3 = 24.5$ mm，$d = 0.3$ mm，$p = 3.8$ mm，$g = 0.3$ mm，$h = 1$ mm)

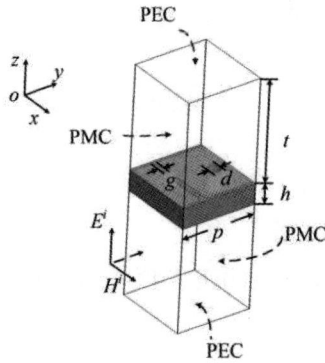

图 5-8　基于 HFSS 仿真软件的单元参数提取模型图

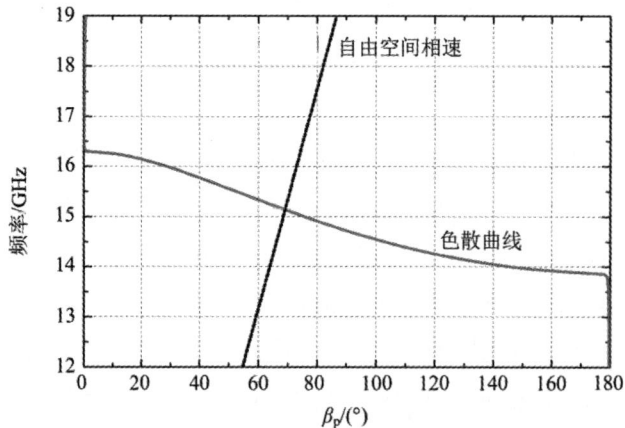

图 5-9　基于 HFSS 仿真软件提取的单元参数曲线

($d = 0.6$ mm，$p = 3.8$ mm，$g = 0.3$ mm，$h = 1.016$ mm，$t = 8$ mm)

5.1.3　实验结果与讨论分析

基于上述分析，我们最终完成了 SIW 喇叭天线的实物制作并在微波暗室中进行了实际测试。实物参数为：$w_1 = 9.1\,\text{mm}$，$w_2 = 12.8\,\text{mm}$，$w_3 = 24.5\,\text{mm}$，$d_f = 1.2\,\text{mm}$，$m = 1.4\,\text{mm}$，$n = 0.8\,\text{mm}$，$d = 0.6\,\text{mm}$，$g = 0.3\,\text{mm}$，$p = 3.8\,\text{mm}$，$\alpha = 18°$，以及 $h = 1.016\,\text{mm}$。天线实物见图 5-10。

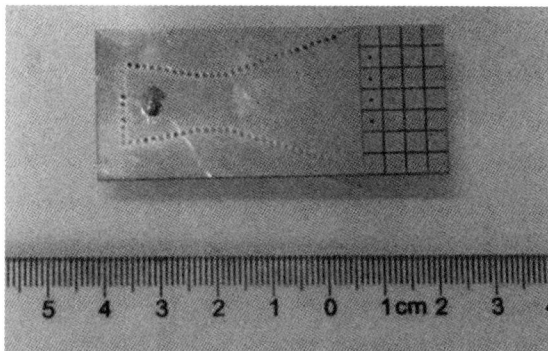

图 5-10　人工电磁结构加载的 SIW 喇叭天线实物图

图 5-11 中对比了仿真与测试的反射系数。可以发现，在 14.4～16 GHz 的频段范围内，天线的反射系数小于 −10 dB。由于加工误差等因素，天线的实测阻抗带宽有所展宽。

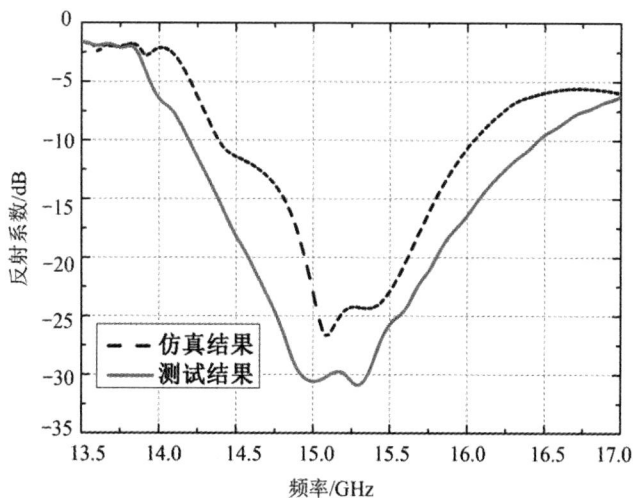

图 5-11　天线的仿真与测试反射系数

天线在 15 GHz 频率处的 E 面(yz 面)和 H 面(xy 面)方向图见图 5-12。如图所示,人工电磁结构加载的喇叭天线具有后向端射辐射特性,这与常规的 SIW 喇叭天线显著不同。此外,如图 5-13 所示,在 14.4～16 GHz 的频段范围内,天线的实测端射增益在 6.3～8.1 dBi 范围内变化。

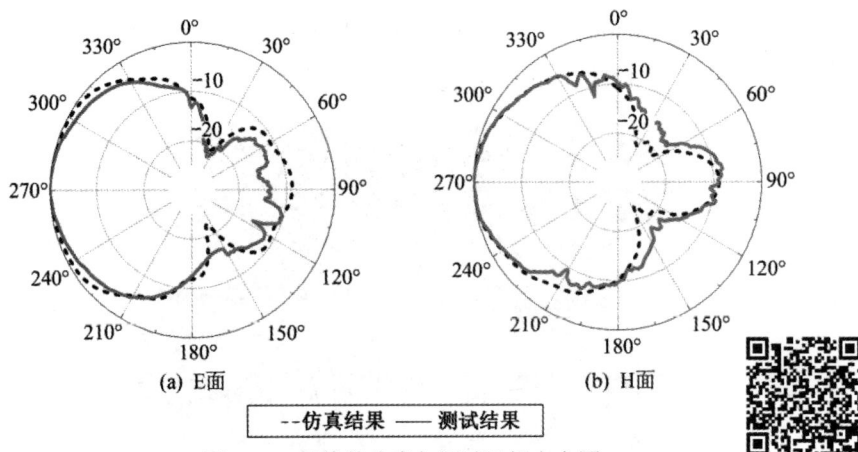

(a) E面　　　　(b) H面

-- 仿真结果　　—— 测试结果

图 5-12　天线的仿真与测试远场方向图

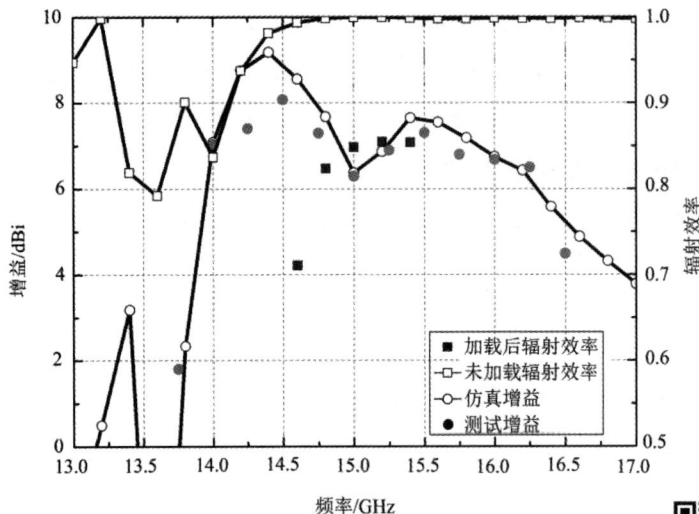

图 5-13　天线的仿真与测试端射增益及辐射效率

5.1.4　阵列设计与性能分析

为了提高本节提出的喇叭天线的辐射能力,同时检验该新型天线性能的稳定性，下面分别介绍一个四元并联天线阵和一个四元单脉冲天线阵。

1. 四元并联天线阵的设计

四元并联天线阵实物见图 5-14，采用一个 SIW T 型功分器对四个单元进行馈电。天线阵设计要求单元距离小于一个波长，因此需要适当缩减喇叭的长度以满足该要求。蘑菇状人工电磁结构放置于阵列的口径处。图 5-15 中给出了四元并联 SIW 喇叭天线阵的仿真与测试反射系数。结果表明，在 14.3～16.2 GHz 的频段范围内，天线阵的仿真与实测反射系数均低于 −10 dB，相对阻抗带宽为 12.5%。此外，如图 5-16 所示，在 14.3～16.2 GHz 的频段范围内，天线阵的实测增益大小在 10.9～13.7 dBi 之间。观察图 5-17 可以发现，该天线阵与天线单元一样，都具有后向端射辐射特性。

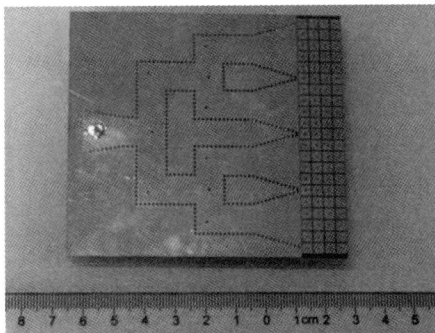

图 5-14　四元并联 SIW 喇叭天线阵实物图

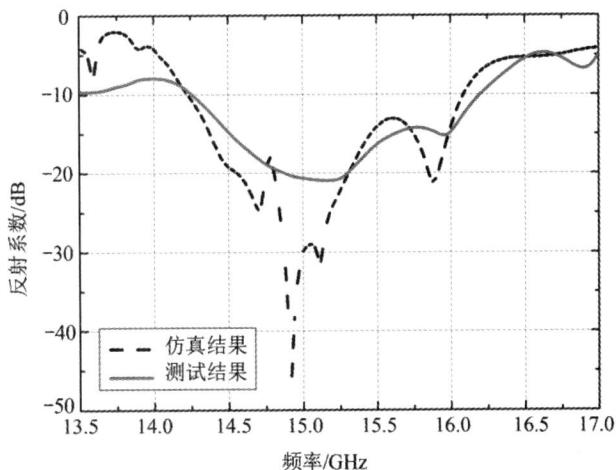

图 5-15　四元并联 SIW 喇叭天线阵的仿真与测试反射系数

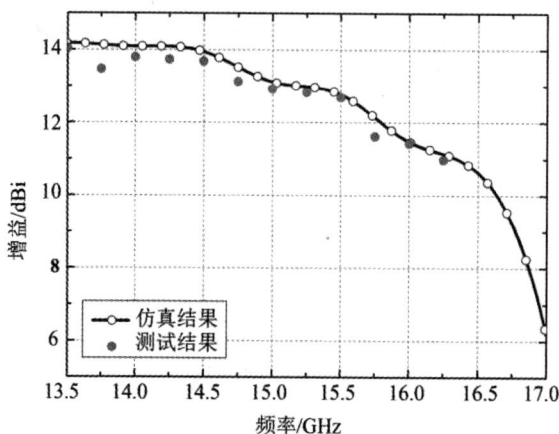

图 5-16　四元并联 SIW 喇叭天线阵的仿真与测试增益

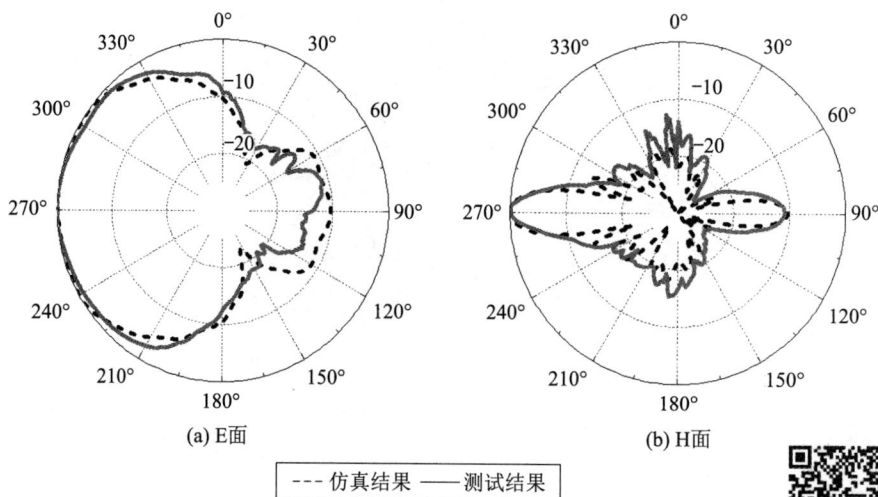

(a) E面

(b) H面

- - - 仿真结果　——测试结果

图 5-17　四元并联 SIW 喇叭天线阵的仿真与测试远场方向图

2. 四元单脉冲天线阵的设计

图 5-18 中给出了四元单脉冲天线阵的实物图。该天线阵与常规四元天线阵结构基本类似，为了实现和差波束，我们采用了一个 180° SIW 定向耦合器进行馈电[90]。

如图 5-19 所示，在 14.1～15.8 GHz 的频段范围内，天线和差端口的反射系数均低于 −10 dB，且在该频段内，两端口之间的隔离度低于 −15 dB。天线在 15 GHz 频率处的和差方向图如图 5-20 所示。该天线阵仍保持了后向端射辐射能力。

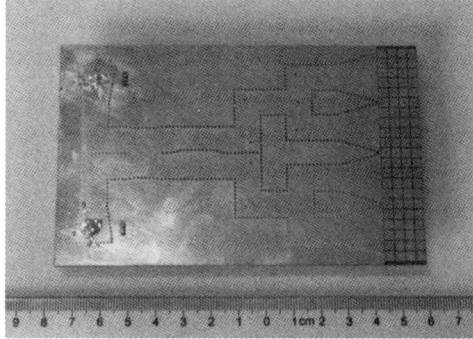

图 5-18　四元单脉冲 SIW 喇叭天线阵实物图

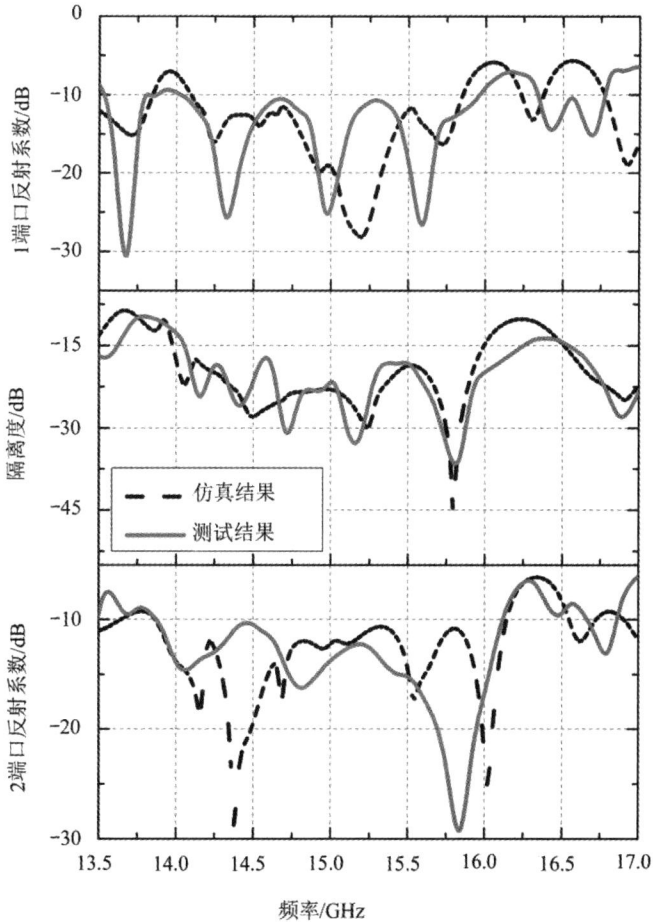

图 5-19　四元单脉冲 SIW 喇叭天线阵的仿真与测试 S 参数曲线

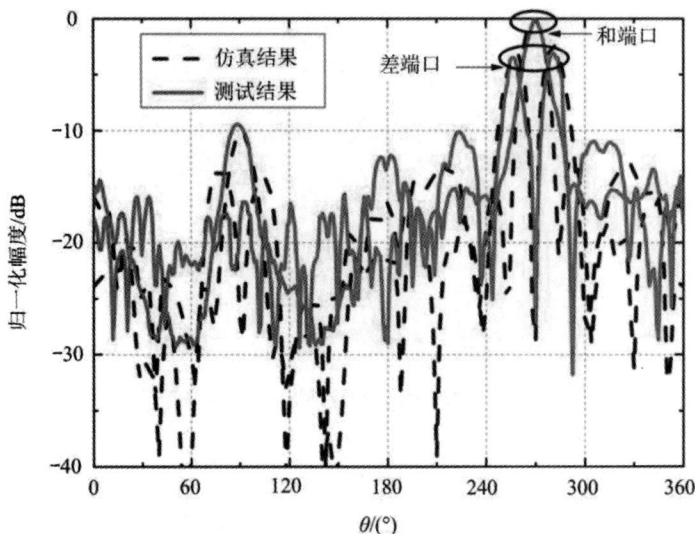

图 5-20　四元单脉冲 SIW 喇叭天线阵的仿真与测试远场方向图

本节介绍了一种提高 SIW 喇叭天线性能的新型手段——加载人工电磁结构。该结构在提升 SIW 喇叭天线性能的同时仅需要 $0.05\lambda_0$ 厚度的基板。加载人工电磁结构之后，SIW 喇叭天线的阻抗带宽扩展到 10% 以上。由于人工电磁结构的左手特性，该 SIW 喇叭天线及其阵列结构具有后向端射辐射特性。

5.2　具有频率扫描特性的平面 SIW 口径天线及其阵列设计

在现代通信系统中，由于多径效应产生的快衰落严重影响系统的整体性能，而对抗信号衰落最常用的手段就是多波束技术。文献[91]至文献[94]中提出了一系列 SIW 多波束天线阵列，多波束的产生依赖于馈电网络，单元结构本身不具有波束扫描特性，因此这些天线阵往往只具有一维波束扫描能力。为了实现二维波束扫描特性，通常需要采用三维馈电网络或者三维加载结构[95-96]，这些方式破坏了原有的平面结构，对设计过程以及加工

精度等提出了更高要求。蘑菇状人工电磁结构具有高阻抗特性，上节利用
该结构的这一特性实现了低剖面宽带 SIW 喇叭天线的设计。此外，当蘑菇
状结构工作在带隙频段时，能量不再沿着该结构继续传播，而是沿着垂直
于该结构的方向进行辐射，利用这一特性能够巧妙地实现频率扫描特性。

5.2.1　天线结构

如图 5-21 所示，天线包括 SIW 馈电部分以及蘑菇状人工电磁结构加
载部分。人工电磁结构由通过金属化通孔连接的金属贴片以固定的周期大
小在介质上排列而成。该结构可以等效成一个 L-C 电路：电容产生于相邻
贴片之间的耦合，其大小主要由 p 和 g 决定；电感产生于上下贴片之间的
耦合以及金属化通孔，其大小主要由 d 和 h 决定。

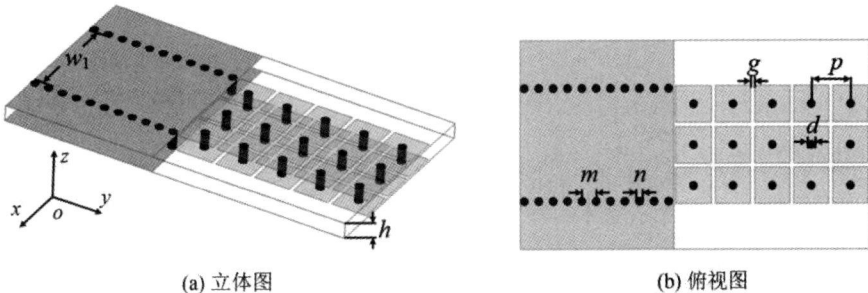

(a) 立体图　　　　　　　　　　　　　(b) 俯视图

图 5-21　人工电磁结构加载的 SIW 口径天线结构示意图

5.2.2　工作原理

为了实现波束扫描特性，天线阻抗带宽需同时覆盖人工电磁结构的左
手模式频段(或右手模式频段)以及带隙模式频段。为此，我们提取了人工
电磁结构单元的色散特性和布洛赫阻抗，其中色散特性决定了人工电磁结
构的工作模式，而布洛赫阻抗反映了人工电磁结构与 SIW 的阻抗匹配情
况，并最终决定 SIW 口径天线的阻抗带宽。

观察图 5-22、图 5-23 可以发现，改变单元间隙大小 g 以及周期大小
p，即改变人工电磁结构的等效电容，仅能实现模式以及阻抗的频率偏
移；而调整金属通孔直径 d 以及介质高度 h，即改变人工电磁结构的等效

电感，能够显著地改变模式的频段范围以及阻抗大小。根据以上结果，接下来我们主要通过调整等效电感大小以达到满足波束扫描的条件。

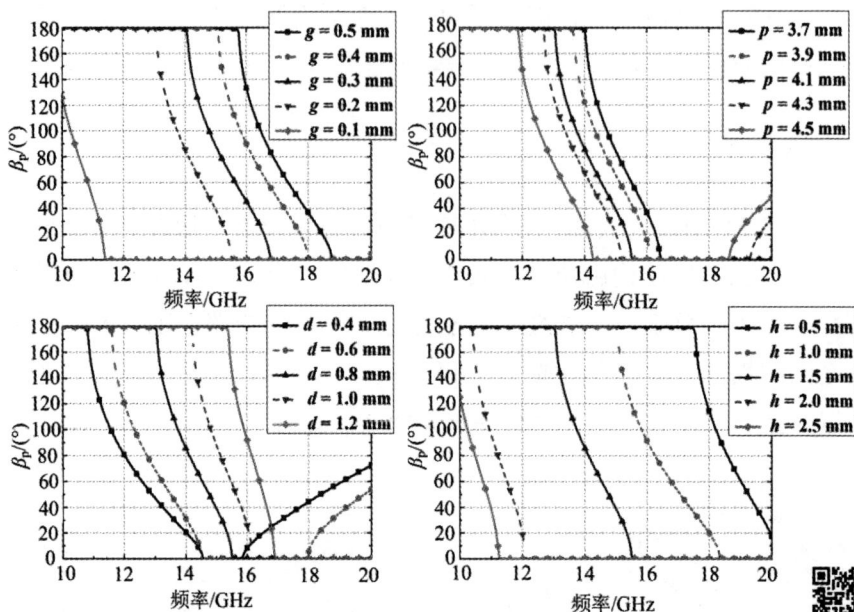

图 5-22　人工电磁结构单元的色散特性变化曲线

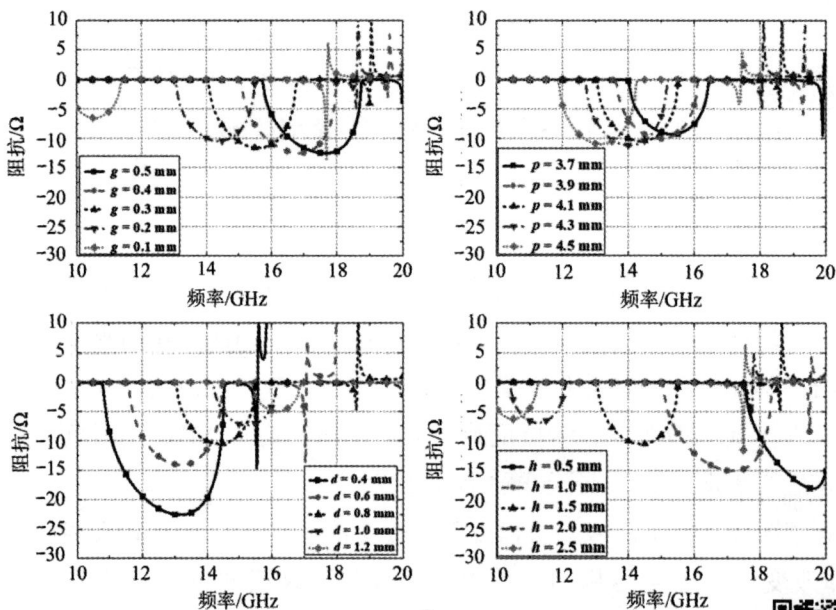

图 5-23　人工电磁结构单元的布洛赫阻抗实部变化曲线

基于上述分析，对参数 d 以及 h 进行主要优化并微调其他参数，最终实现 SIW 口径天线的阻抗带宽同时覆盖人工电磁结构的两种工作模式，如图 5-24 所示。在 12.6～15.1 GHz 频段范围内，人工电磁结构表现出左手特性，在高于 15.1 GHz 的频段范围内，该结构表现出带隙特性。

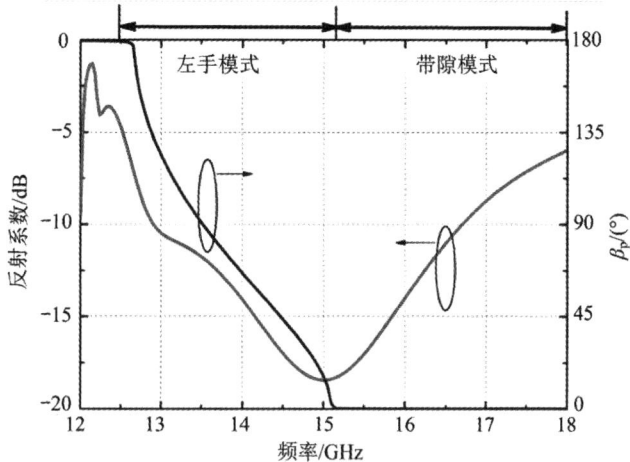

图 5-24　SIW 口径天线的反射系数与单元的色散特性曲线

图 5-25 中的远场方向图很好地验证了这一现象：在 12.9 GHz 频率处，即人工电磁结构工作在左手模式，天线具有后向端射辐射能力；在 16.7 GHz 频率处，即人工电磁结构工作在带隙模式，天线的主波束方向垂直于人工电磁结构平面；在两种模式的过渡频率处(15.0 GHz)，天线的最大辐射方向位于边射和端射方向之间。这一现象表明基于蘑菇状人工电磁结构加载的 SIW 口径天线在俯仰面具有频率扫描能力。

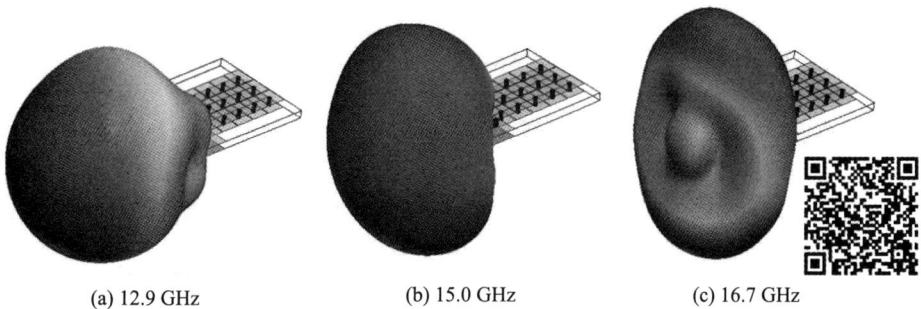

(a) 12.9 GHz　　　　　　(b) 15.0 GHz　　　　　　(c) 16.7 GHz

图 5-25　SIW 口径天线的立体远场方向图

5.2.3 实验结果与讨论分析

基于上述分析，对 SIW 口径天线进行仿真优化与实物制作，天线实物见图 5-26。实物参数为：$w_1 = 10\,\mathrm{mm}$，$m = 1\,\mathrm{mm}$，$n = 0.5\,\mathrm{mm}$，$d = 0.8\,\mathrm{mm}$，$g = 0.2\,\mathrm{mm}$，$p = 3.9\,\mathrm{mm}$，以及 $h = 1.5\,\mathrm{mm}$。

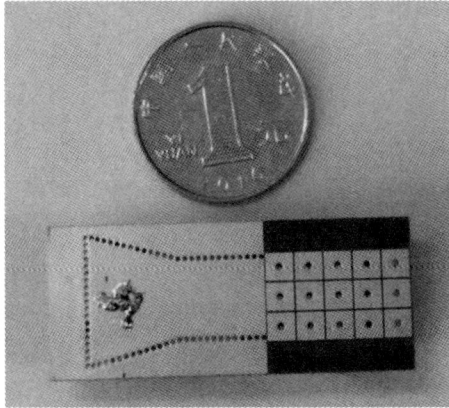

图 5-26　SIW 口径天线实物图

天线的仿真与测试反射系数如图 5-27 所示。相对于仿真结果而言，该天线在 14 GHz 频率处的谐振点稍向高频偏移，而在 15.5 GHz 频率处的阻抗匹配变差导致谐振点不明显，同时测试结果在 13 GHz 频率以下出现多个谐振点，这些测试误差可能产生于不理想的测试转接头。总之，该天线的阻抗带宽覆盖 13.3～16.7 GHz 的频段范围，相对带宽为 22.7%。

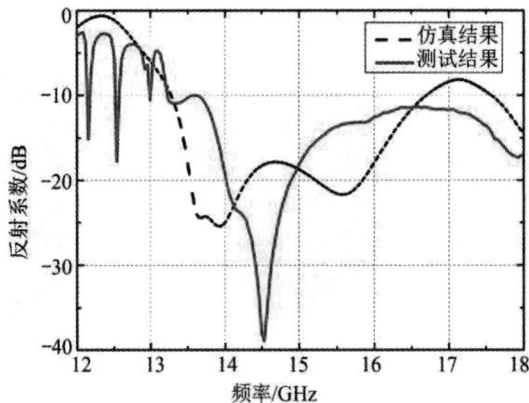

图 5-27　SIW 口径天线的仿真与实测反射系数

为了验证 SIW 口径天线的频率扫描特性，图 5-28 中给出了天线在三个频点处的 E 面仿真与测试方向图。天线的波束扫描特性得到了有效验证。由于加工误差以及转接结构的影响，天线在低频处的主瓣电平有所降低，且旁瓣电平升高。表 5-2 中给出了天线工作频率与天线主波束扫描角度的关系，根据该关系可以调节频率以达到最大的辐射方向。

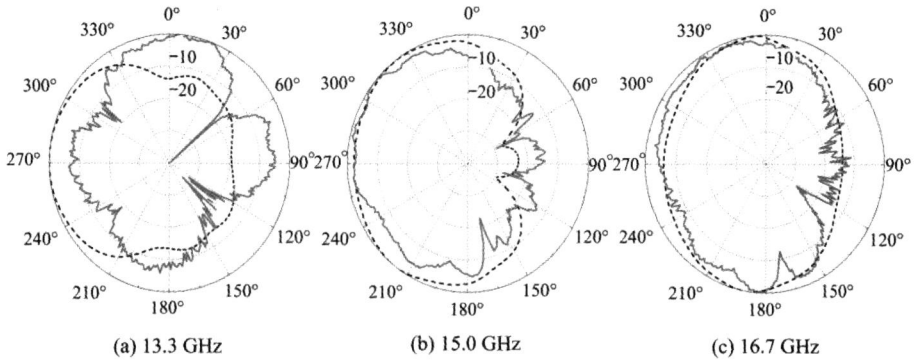

(a) 13.3 GHz　　　(b) 15.0 GHz　　　(c) 16.7 GHz

图 5-28　SIW 口径天线的仿真与实测方向图

(图中虚线为仿真结果，实线为测试结果)

表 5-2　天线工作频率与扫描角度关系表

工作频率/GHz	13.2	13.7	14.2	14.7	15.2	15.7	16.2	16.7
扫描角度/(°)	−90	−58	−44	−38	−30	−10	−8	−6

5.2.4　二维波束扫描天线阵列的设计

在频率扫描天线的基础上，通过加载外部馈电网络就能够实现二维波束扫描天线阵的设计，文献[95]中采用三维馈电网络实现了波束扫描特性。而在上述天线单元的基础上，采用合适的平面馈电网络能够进一步实现平面二维波束扫描天线阵的设计[96]。如图 5-29 所示，运用仿真软件 HFSS 对四个端口进行等幅馈电，并通过控制端口之间的相位差实现波束扫描特性，天线单元之间的间距 d_g 为 13 mm($0.57\lambda \sim 0.74\lambda$，其中 λ 为工作波长)。

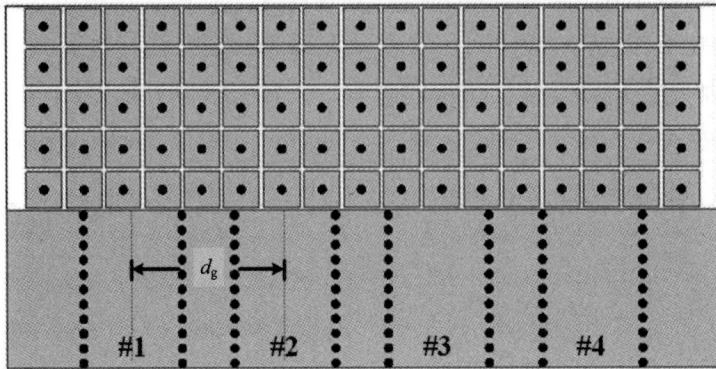

图 5-29　四元 SIW 口径天线阵结构示意图

以端口 1 为例，如图 5-30 所示，天线阵在 13～17 GHz 频段范围内反射系数小于 −10 dB，且在该频段范围内，端口之间的隔离度高于 −15 dB。图 5-31 分别给出了该四元阵在 xy 面和 xz 面的方向图随端口相位差的变化规律。天线阵具有稳定的波束扫描特性且旁瓣电平较低。该仿真结果表明，外部馈电网络使得该天线阵在方位角平面具有波束扫描能力，结合天线单元本身在俯仰角平面的波束扫描能力，可知该天线阵具有二维波束扫描能力。

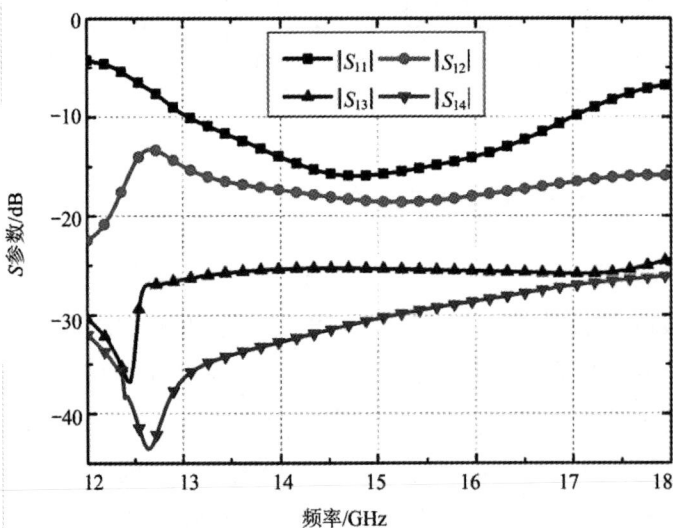

图 5-30　端口 1 输入时天线阵的端口 S 参数

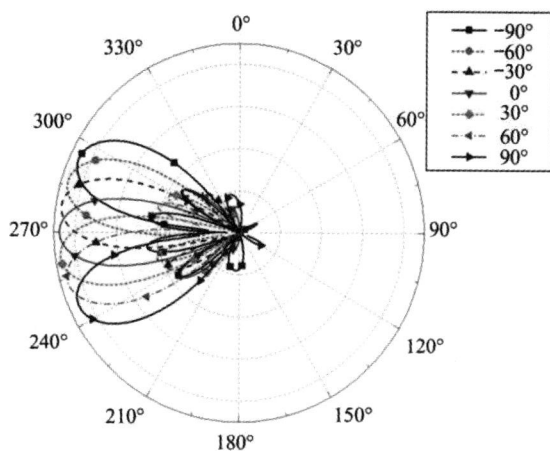

(a) 13GHz、xy面

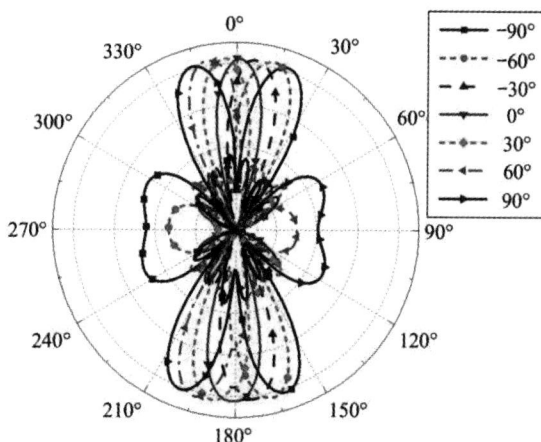

(b) 17GHz、xz面

图 5-31　四元 SIW 口径天线阵在不同频率的远场方向图

5.3　加载高阻抗表面结构的宽带 SIW 喇叭天线

　　前面两节通过加载蘑菇状人工电磁结构，分别介绍了宽带 SIW 喇叭天线以及具有波束扫描特性的 SIW 口径天线，开辟了利用新型人工电磁结构设计高性能平面 SIW 口径天线的新思路。从目前进展来看，基于蘑菇状人工电磁结构加载的 SIW 口径天线仍然存在着两方面的改进空间。一方面，

SIW 端射天线的阻抗匹配频段位于人工电磁结构的左手区域，由此而产生的后向端射辐射特性容易受到馈电网络等结构的影响；另一方面，蘑菇状人工电磁结构需要引入金属化通孔以提供必要的并联电感，因此当频率进一步提升后，金属化通孔的存在会对加工工艺提出更高要求[97]。

　　根据以上两点，本节将介绍一种改进的加载结构，即无金属化通孔加载的高阻抗表面(HIS)。

5.3.1　天线结构

　　采用 HIS 加载的 SIW 喇叭天线如图 5-32(a)所示。平面喇叭天线的输入宽度为 w_{SIW}，张角为 α，喇叭张角的长度为 l_1。当采用梳状 SIW 结构 (Corrugated Substrate Integrated Waveguide，CSIW)[98-99]时，即用长度为四分之一波长的微带枝节代替 SIW 中的金属化通孔，同时结合新型加载结构，可以实现整个 SIW 喇叭天线的无通孔化设计，有利于天线尺寸随工作频率的缩放，同时能够降低加工成本。

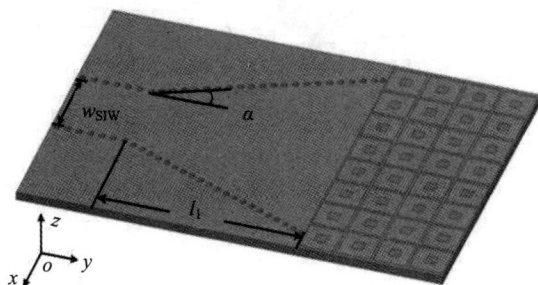

(a) 立体图

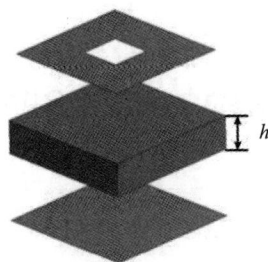

(b) 单元拆分图

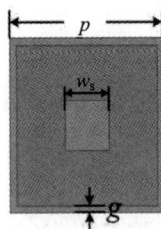

(c) 单元俯视图

图 5-32　HIS 加载的 SIW 喇叭天线及其加载单元结构示意图

　　HIS 单元结构如图 5-32 中(b)(c)所示。该单元是由方形金属贴片加载到一块厚度为 h 的接地基板上构成，金属贴片中间刻蚀一个边长为 w_s 的方形缝隙，相邻贴片之间的间隔为 $2g$，该单元按照周期 p 在 xy 平面上扩展。

5.3.2　工作原理

　　一种常规的 HIS 是由加载到接地基板上的周期性金属贴片阵列构成的[100]，当单元周期远小于工作波长时，该结构可以等效成一个并联的 L-C 电路。在该等效电路中，等效电容产生于表面相邻贴片之间的耦合效应，而等效电感来自上下金属贴片之间的耦合。不难发现，若基板厚度确定后，只能调节其等效电容大小而无法有效改变等效电感。为了增加调节等效电感的自由度，在方形贴片的中心引入方形缝隙；环绕缝隙边缘的电流使得磁流能够沿着缝隙边缘流动，从而产生额外的电感，在原有等效电路中引入新的阻抗 Z_g，如图 5-33 所示。

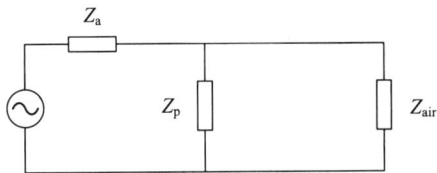

(a) 传统的方形贴片单元

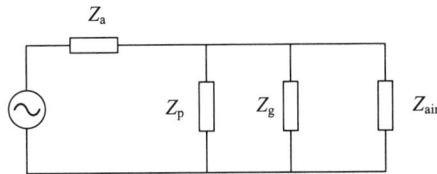

(b) 改进的方形贴片单元

图 5-33　HIS 加载的 SIW 喇叭天线传输线模型示意图

图 5-33 中各阻抗可表示为

$$Z_a = \frac{k\eta}{\beta}\frac{h}{W} \tag{5-1}$$

$$\begin{cases} Z_{\text{p}} = -\mathrm{j}\dfrac{\eta}{2a_{\text{p}}} \\[4mm] Z_{\text{g}} = \mathrm{j}\dfrac{\eta}{2}a_{\text{g}}\left(1 - \dfrac{k_0^2}{k}\dfrac{\sin^2\theta}{2}\right) \end{cases} \tag{5-2}$$

$$\begin{cases} \alpha_{\text{p}} = \dfrac{kp}{\pi}\ln\left(\dfrac{1}{\sin\dfrac{\pi g}{2p}}\right) \\[6mm] \alpha_{\text{g}} = \dfrac{kp}{\pi}\ln\left(\dfrac{1}{\sin\dfrac{\pi(p-w_{\text{s}})}{2p}}\right) \end{cases} \tag{5-3}$$

其中，k 为介质中波数，k_0 为自由空间中波数，β 为相移常数，W 为 SIW 的口径宽度，η 为介质中波阻抗，α_{p}、α_{g} 分别为改进前后的网格参数，由其结构参数确定。

由以上公式可以发现，新引入的阻抗大小取决于单元的结构参数，下面进一步分析这些参数大小对天线性能的影响。

5.3.3 性能改进

为了验证 HIS 对 SIW 喇叭天线阻抗匹配的改善效果，我们首先分析加载 HIS 前后天线的反射系数与阻抗变化规律。为了便于解释说明，这里用天线 A、天线 B、天线 C 分别代表无任何加载的 SIW 喇叭天线、加载常规 HIS 的 SIW 喇叭天线以及加载改进 HIS 的 SIW 喇叭天线。

对比图 5-34 中结果可以发现：加载 HIS 后，SIW 的阻抗匹配得到了明显的改善，SIW 喇叭天线的输入阻抗的虚部接近 0，而实部降到 100 Ω 以下，实现了良好的阻抗匹配。同时需要注意的是，天线 C 在天线 B 的基础上能够进一步改善阻抗匹配，天线 B 在 14～15 GHz 频段范围内的反射系数低于 −10 dB，而天线 C 在该频段范围内的反射系数低于 −10 dB。

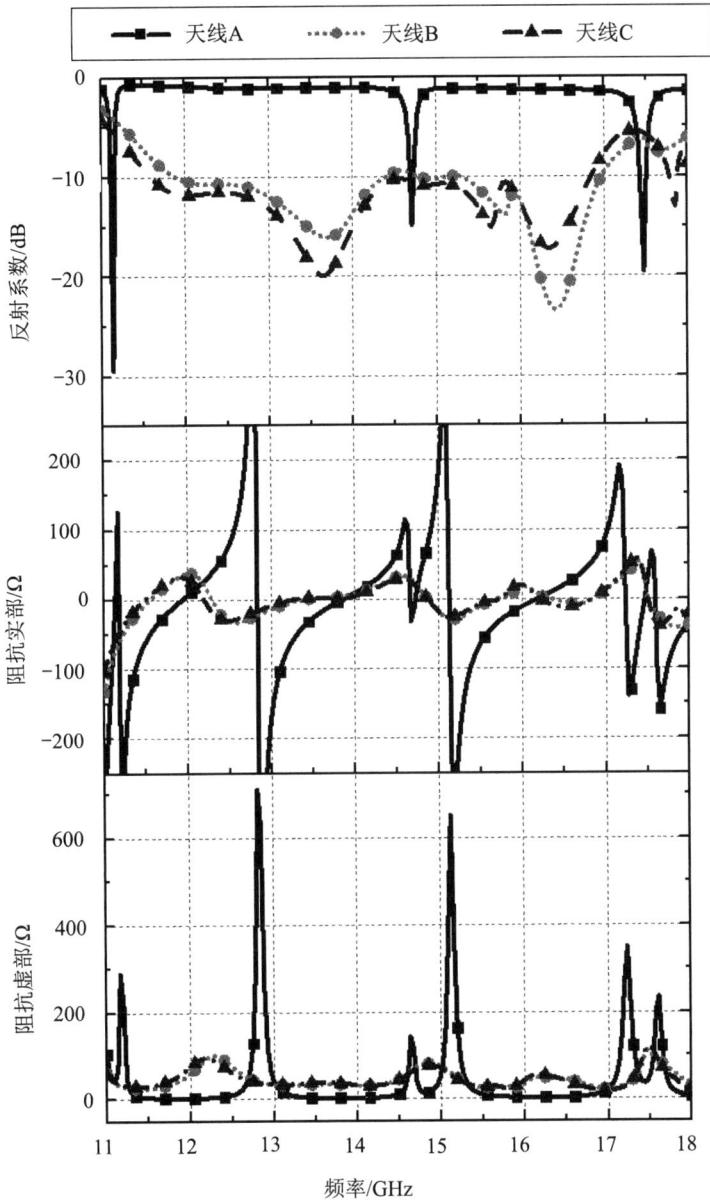

图 5-34　三种不同 SIW 喇叭天线的反射系数与阻抗对比示意图

　　图 5-35 中的结果进一步描述了 SIW 喇叭天线的反射系数随 HIS 结构参数的变化规律。可以发现，随着 HIS 的单元间距 g 以及周期 p 的增大，

SIW 喇叭天线的工作频段降低，这一规律可以被用来设计合适频段的 SIW 喇叭天线。

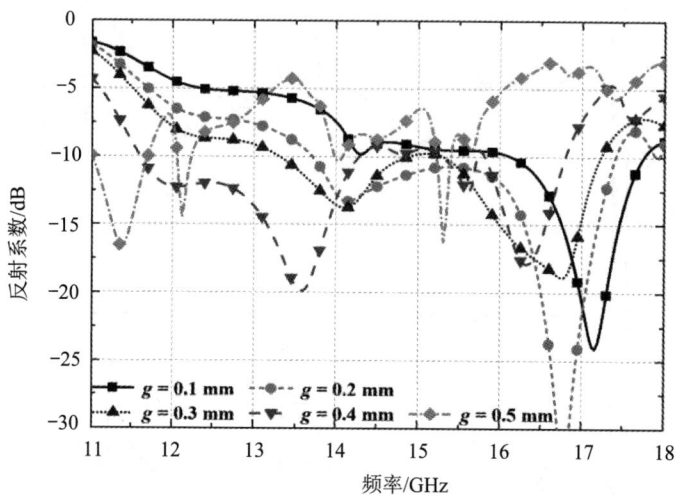

(a) SIW 喇叭天线的反射系数随参数 g 的变化规律

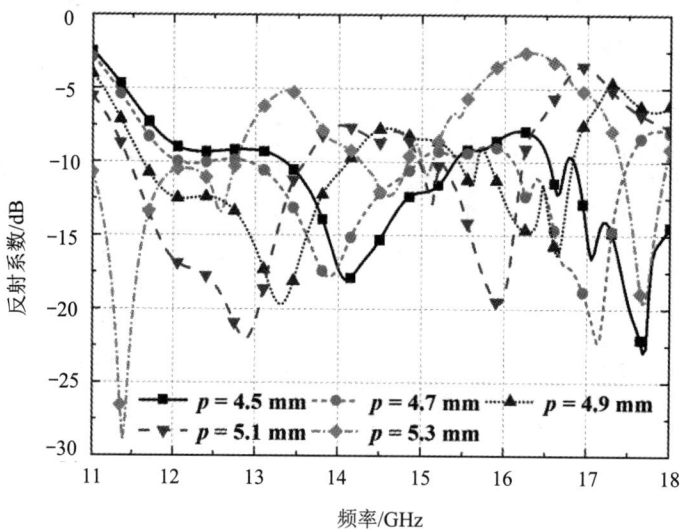

(b) SIW 喇叭天线的反射系数随参数 p 的变化规律

图 5-35　SIW 喇叭天线的反射系数随 HIS 结构参数变化示意图

(w_{SIW} = 10 mm，α = 22.5°，l_1 = 28 mm，h = 1 mm)

　　另外，我们重点关注加载缝隙对 SIW 喇叭天线反射系数的影响。当 w_s 超过 1 mm 后，SIW 喇叭天线的反射系数在 14～15 GHz 附近的频率大于 −10 dB。通过合理优化缝隙大小，可以使 SIW 喇叭天线的反射系数在整个频段范围内都小于 −10 dB，这也验证了引入缝隙结构对于改进 SIW 喇叭天线阻抗匹配的意义。

　　基于以上原理分析和参数优化过程，可以得到优化后的 SIW 喇叭天线在 15 GHz 频率处的远场方向图，如图 5-36 所示。

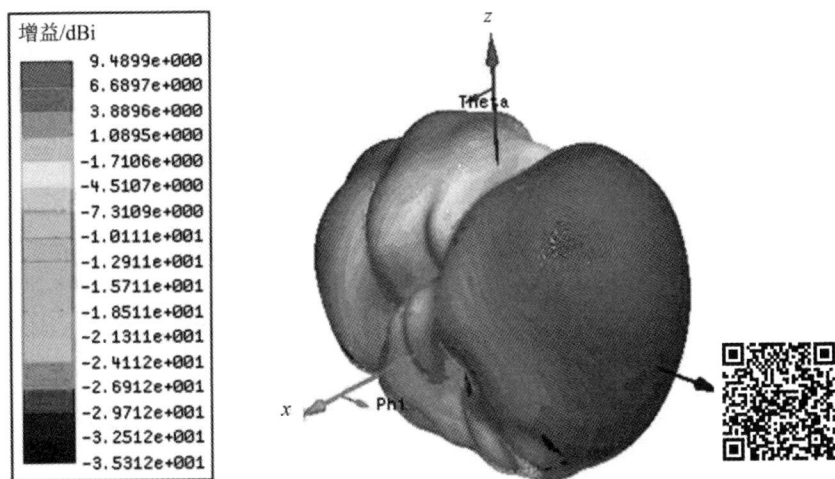

图 5-36　加载改进 HIS 的 SIW 喇叭天线三维方向图

　　可以发现，由于天线结构相对于 z 轴的中心位置是一种不对称结构，即在介质上表面有缝隙结构，而下表面是金属地。因此天线的主瓣方向相对于 xy 平面略微上翘，这一现象会导致天线在端射方向增益降低。

　　为了克服 SIW 喇叭天线的"波束上翘"现象，需要将不对称的 HIS 结构转化成对称的 HIS 结构。如图 5-37 所示，将 SIW 口径的电场沿着口径对称面分成两部分，即 E_1 和 E_2。由于 SIW 口径非常薄，口径垂直方向上的电场可以近似看成是均匀分布的，得到 $E_1 = E_2$。根据这一结果可以将对称面等效成"虚拟电壁"[101]，不对称的 HIS 结构相当于是方形的贴片单元加载到电壁上形成的。基于上述 SIW 口径特征的分析，可以将方形贴片单元沿电壁做镜像处理，从而形成对称的 HIS 结构。如图 5-38 所示，在改进的单元结构中，令 $h_1 = 2 \times h$，且介质的上下表面均为周期单元结构。由于"虚拟电壁"的存在，改进结构具有和非对称结构相似的阻抗特性，从而确保加载该结构的 SIW 喇叭天线仍然保持宽带特性。

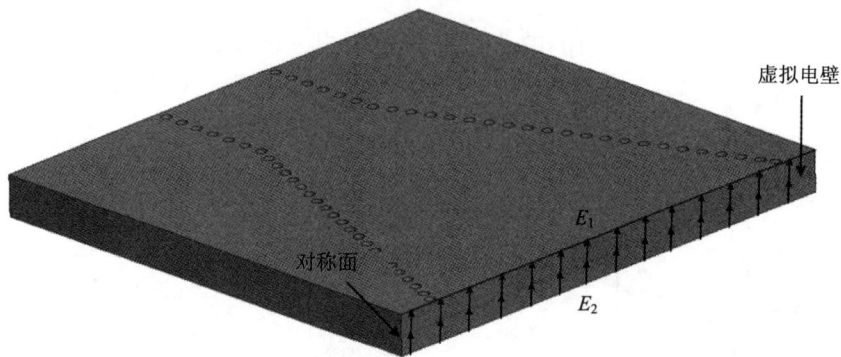

图 5-37　平面 SIW 口径电场分布示意图

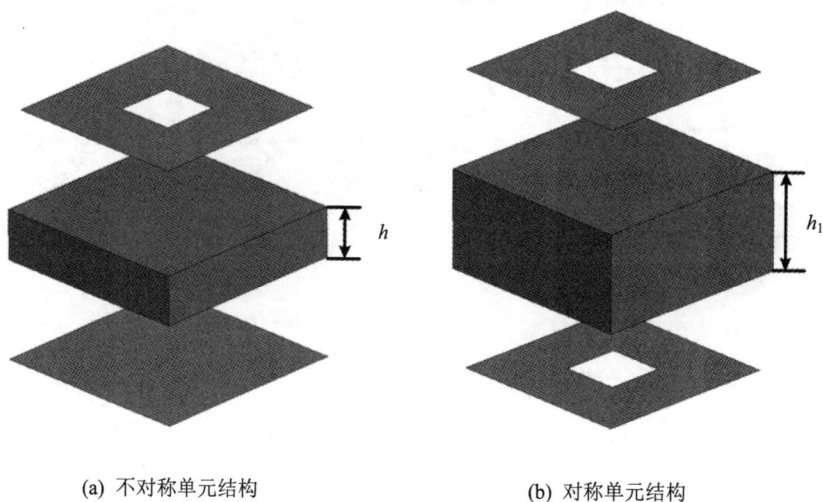

(a) 不对称单元结构　　　　　　　　(b) 对称单元结构

图 5-38　HIS 单元结构对比示意图

图 5-39 中对比了上述两种 SIW 喇叭天线的反射系数和阻抗特性，天线 D 代表加载对称 HIS 的 SIW 喇叭天线。图中结果表明，天线 C、天线 D 具有相似的阻抗变化规律，从而验证了上述分析的正确性。基于这种相似的阻抗变化规律，我们采用对称的 HIS 加载结构，使得 SIW 喇叭天线的阻抗带宽不受影响，同时能够有效地改善不对称结构引起的"波束上翘"现象，从而提高端射辐射增益。

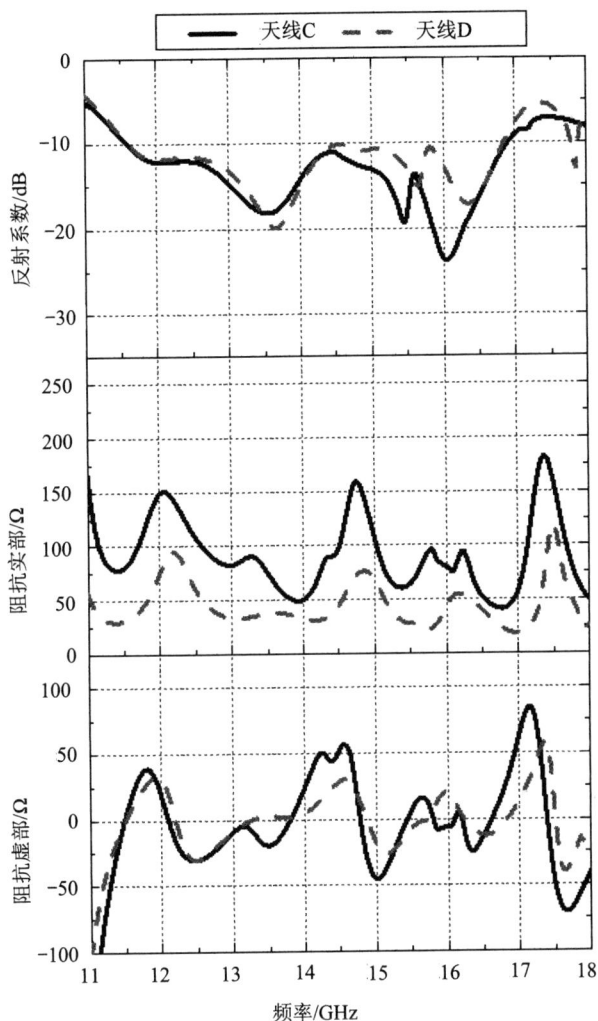

图 5-39　两种不同 SIW 喇叭天线的反射系数与阻抗对比示意图

5.3.4　实验结果与讨论分析

基于上述分析过程，我们结合 HFSS 仿真软件的优化设计，最终将优化后的模型进行了实物加工，天线实物如图 5-40 所示。该天线的尺寸为 $40\,\text{mm} \times 75\,\text{mm}$，优化后的参数为：$w_{\text{SIW}} = 10\,\text{mm}$，$\alpha = 22.5°$，$l_1 = 28\,\text{mm}$，$p = 4.0\,\text{mm}$，$g = 0.1\,\text{mm}$，$w_s = 0.7\,\text{mm}$，$h_1 = 2\,\text{mm}$。

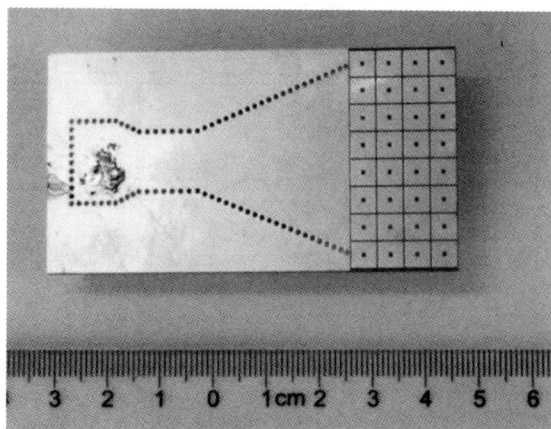

图 5-40 HIS 加载的 SIW 喇叭天线实物图

图 5-41 中对比了仿真与测试的反射系数。可以发现，除了谐振点略微向高频偏移，仿真与测试结果具有几乎一致的谐振特性。此外，由于加工误差以及测试接头的影响，测试的反射系数在仿真频段范围内略有升高，通过提高加工工艺水平以及采用高质量的测试器件，能够克服这一不良现象。

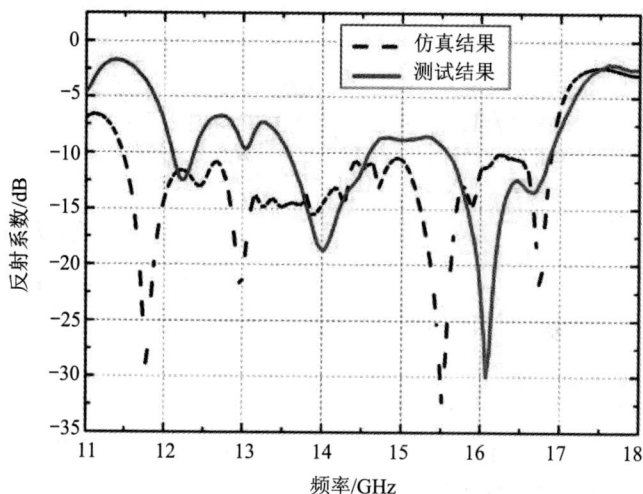

图 5-41 HIS 加载的 SIW 喇叭天线的仿真与测试反射系数

图 5-42 为天线三个频点的仿真与测试远场方向图。天线在整个频段范围内具有稳定的端射方向图，主瓣方向交叉极化电平小于 −20 dB，且辐射方向为正向端射方向。在低频时，天线的主瓣有所展宽，除此之外，仿真结果与测试结果具有很好的一致性。

(a) 11.5 GHz、E面

(b) 14.2 GHz、E面

(c) 16.8 GHz、E面

(d) 11.5 GHz、H面

(e) 14.2 GHz、H面

(f) 16.8 GHz、H面

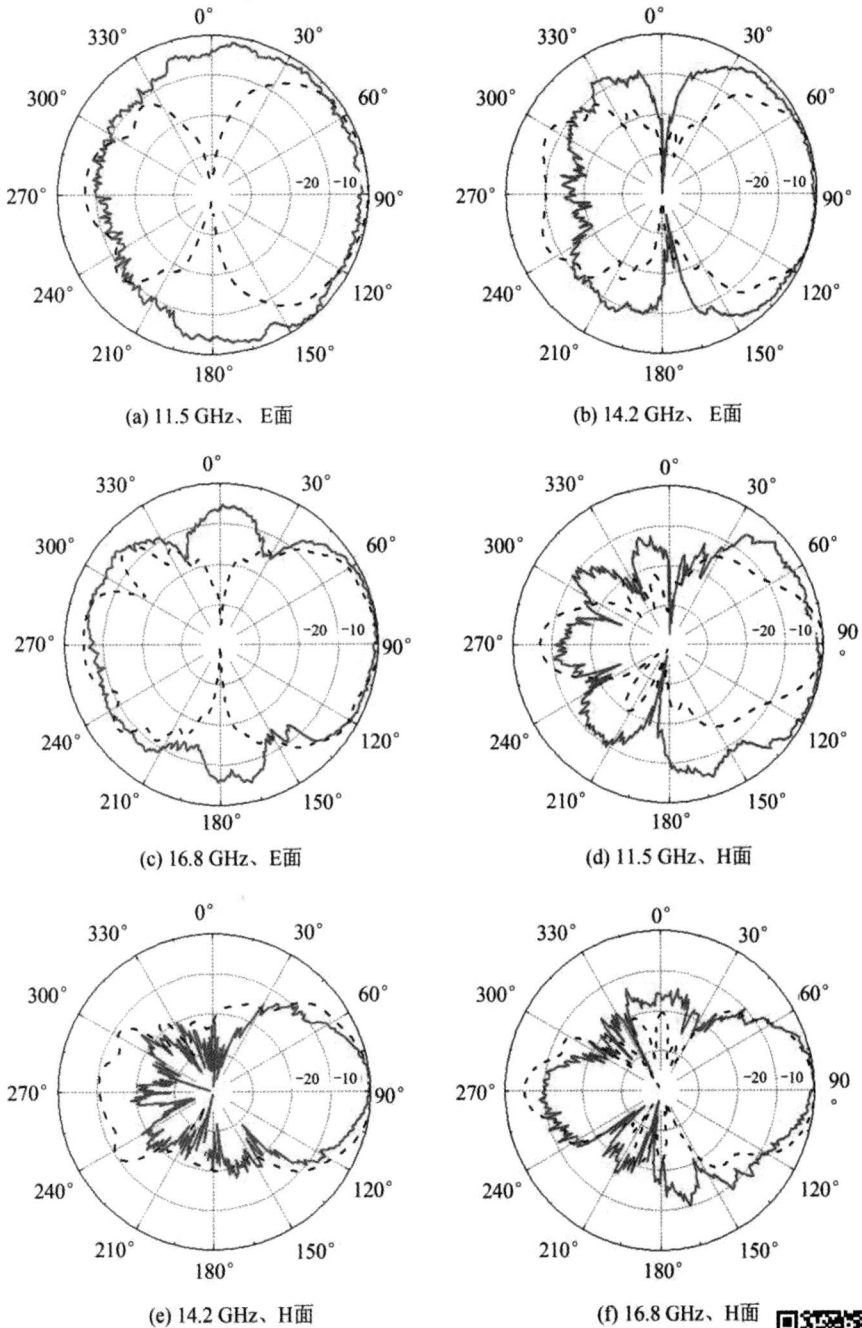

图 5-42　天线的仿真与实测远场方向图

(图中虚线为仿真主极化，实线为测试主极化)

本 章 小 结

　　本章介绍了基于人工电磁结构设计 SIW 端射天线的新方法。目前，在宽带化、多波束等方向取得了一定的进展。当采用其他类型的人工电磁结构时，有望实现其他方面性能的提升，从而为 SIW 端射天线在现代通信系统中的应用提供更加灵活多变的选择和设计思路。

第 6 章　宽边 SIW 喇叭天线及其阵列技术

SIW 作为一种传输线结构最早在文献[102]中被提出，它具有低成本、低损耗、易加工以及易与平面电路集成等显著优势。自从该结构被提出后，SIW 就开始被广泛地用于天线设计中。SIW 背腔缝隙天线就是其中最典型的代表之一。传统的金属背腔缝隙天线得以广泛应用的原因在于其具有理想的辐射特性。然而，金属背腔缝隙天线的腔体高度约为四分之一波长，因而庞大的体积使得该类天线在实用中具有诸多限制。与传统的金属背腔缝隙天线相比[103]，SIW 背腔缝隙天线仅通过单层 PCB 结构即可实现，具有低剖面、易与载体共形、重量轻等显著优势，因此该类天线获得了广泛的研究和应用。SIW 背腔缝隙天线因其简单的构造，非常适合构建不同形式的天线阵列，具体原因如下：

(1) SIW 谐振腔不仅可以作为辐射器，同时也可以作为传输线结构，从而避免加载额外的馈电网络以实现结构紧凑、低损耗天线阵的设计[104]；

(2) 封闭形式的 SIW 结构能够确保阵列单元之间的互耦非常低[105]；

(3) 采用 SIW 形式的馈电网络通常具有比微带结构更低的损耗。

然而，与其他形式的天线相比，如蝶形天线、缝隙天线等，SIW 背腔缝隙天线的窄带缺陷是制约其应用的瓶颈之一[106-111]。

薄基板造成该类天线的品质因数非常高，从而导致非常窄的阻抗带宽，因此解决 SIW 背腔缝隙天线的窄带问题是研究该类天线的主要方向之一。在过去的若干年里，国内外学者提出了一些展宽 SIW 背腔缝隙天线阻抗带宽的设计方法。文献[112]在缝隙的附近加载一个金属化通孔以产生新的谐振频率，相比于原始结构，天线的阻抗带宽提升到 3.7%。通过在 SIW 谐振腔中激励出混合模式而不是单一的 $TE_{10\delta}$ 模式，SIW 背腔缝隙天线的带宽进一步展宽到 6.3%[113]。文献[104]中采用的宽缝辐射结构能够产生双频谐振特性，最终实现了阻抗带宽为 11.6%的宽带 SIW 背腔缝隙天线的设计。此外，当在 SIW 缝隙天线的上面覆盖一层厚介质后，SIW 背腔缝隙天线的阻抗带宽能够达到 23%[114]。

为了实现宽带 SIW 背腔缝隙天线阵的设计，除了采用宽带的缝隙单元，馈电网络的设计至关重要。并馈网络是设计背腔缝隙天线阵的常用形式，其对应的天线阵往往具有很好的辐射特性。然而由于馈电网络和辐射结构共用一层介质，这种形式的组阵方式在阵列规模较大时具有有限的阻抗带宽。文献[115]设计了一个具有 14%阻抗带宽的 4×4 SIW 背腔缝隙天线阵，其中 SIW 背腔结构能够起到馈电网络的作用。当将双层并联馈电网络进一步扩展到 16×16 的规模后，天线阵仍能保持 15%的宽带性能[116]。文献[117]利用一种简化的馈电网络设计了工作在高阶模式的 SIW 背腔缝隙天线阵，缝隙结构以一种非对称的方式放置后产生新的谐振频率，最终取得了 16.7%的阻抗带宽。

上述内容简要地归纳了 SIW 背腔缝隙天线及其阵列的代表性进展，当需要覆盖更宽的阻抗带宽时，目前的技术无法实现实质性的突破。在第四代移动通信技术应用成熟的今天，第五代移动通信技术在世界范围内已经被提上了走向产业化的议程。以中国为例，目前国内拥有十几亿的移动用户，移动互联网流量保持着较高的年增长速度。为了在未来的 5G 通信中更好地满足庞大用户群的通信需求，需要提供更多的频谱资源，因此设计更宽频段的 SIW 背腔缝隙天线及其阵列在存在挑战性的同时也具有很迫切的现实应用需求[118-119]。

6.1　四元宽边 SIW 喇叭天线阵

6.1.1　单元结构

图 6-1 中给出了宽边 SIW 喇叭天线的基本结构，与前文 SIW 喇叭天线的不同之处在于，该天线的主辐射方向沿着边射方向($+z$ 方向)而不是端射方向($+y$ 方向)。天线一共由五层 PCB 构成，每一层均采用介电常数为 2.2 的 Rogers 5880 板材，且每一层厚度均为 1.524 mm。在最底层(对应图中"1"层)，SIW 传输线的末端上层宽壁上刻蚀有尺寸为 $w_s \times l_s$ 的横向缝隙，它起到激励多层腔体的作用。

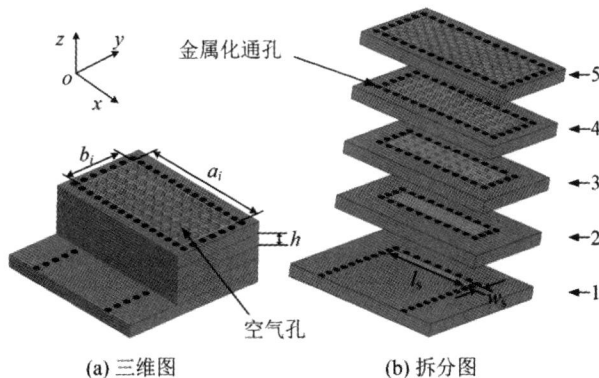

(a) 三维图　　　　　　(b) 拆分图

图 6-1　宽边 SIW 喇叭天线结构示意图

随着腔体口径的逐渐扩展，四层附加的 SIW 腔体构成宽边喇叭的金属壁，放置于激励槽上以实现良好的辐射。直径为 d 的金属化通孔构成这些腔体的金属壁，每一层 SIW 腔体的尺寸为 $a_i \times b_i$ ($i = 2, 3, 4, 5$)。3、4、5 层中分别引入了直径为 D_3、D_4、D_5 的等效介质超材料，以调节每一层腔体的介电常数，从而实现介电常数从最底层("1"层)到最上层("5"层)的平滑递减，有效地降低了辐射结构与自由空间之间的介电常数差，从而减少因阻抗失配而导致的能量反射。空气孔在提高天线的阻抗匹配中起到关键的作用，这一内容在前文中进行过详细的说明，这里不再赘述。

　　我们以阻抗带宽为优化目标,运用 HFSS 软件对缝隙、腔体以及空气孔的尺寸进行优化。表 6-1 中给出了最终优化的天线结构参数。采用 50 Ω 的 GCPW 到 SIW 的过渡结构进行馈电,以便测试天线的性能。喇叭口径在 25 GHz 频率的电场分布如图 6-2 所示。可以发现,尽管在 SIW 缝隙结构上加载了多层腔体结构,但是该天线仍然保持了缝隙结构的极化特性,即沿 y 轴方向是线极化的。

表 6-1　SIW 宽边喇叭天线的尺寸　　　　单位:mm

参数	尺寸	参数	尺寸
a_1	8.6	l_s	7
b_1	3.1	w_s	1.5
a_2	10.2	h	1.524
b_2	4.7	d	1.6
a_3	11.8	D_3	0.3
b_3	6.3	D_4	0.75
a_4	11.8	D_5	1.2
b_4	7.9		

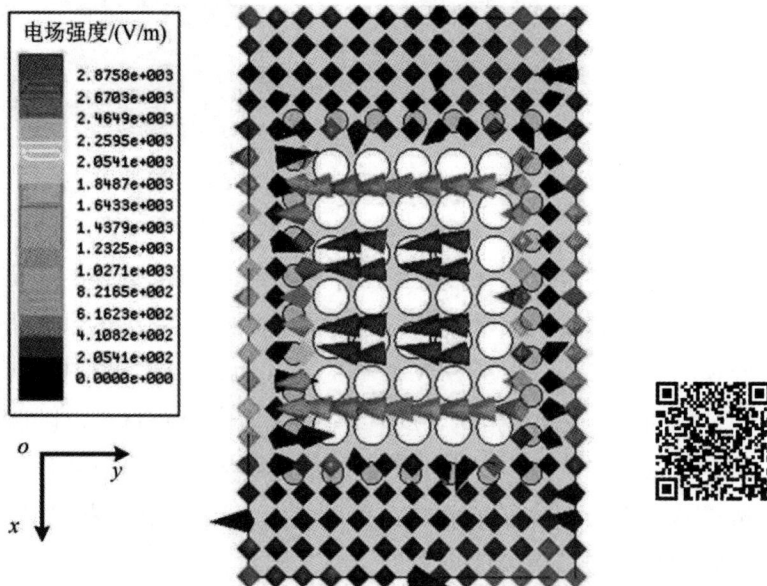

图 6-2　宽边 SIW 喇叭天线在 25 GHz 频率下的口径电场分布

图 6-3 中对比了加载/未加载空气孔对应的天线反射系数，并给出了该天线的边射增益。正如图中数据所示，当在 SIW 缝隙结构上加载多层过渡腔体后，缝隙天线的阻抗带宽明显展宽，当加载空气孔后，阻抗匹配效果又得到进一步改善。在 18～32 GHz 的频段范围内，天线的反射系数均小于 −10 dB，实测增益在 6.1～12.2 dBi 之间。图 6-4 中给出了该天线在 18 GHz、25 GHz 和 32 GHz 频率处的 H 面和 E 面(xz 面和 yz 面)方向图。由于共面波导馈电结构自身的辐射损耗，天线在 E 面的方向图略受影响。尽管如此，在 18～32 GHz 的频段范围内，天线具有稳定的边射辐射特性。此外，天线在最大方向的交叉极化电平高于−20 dB，且在主瓣方向具有很好的交叉极化特性。最为重要的是，与常规的 SIW 背腔缝隙天线相比，该天线的阻抗带宽有了非常显著的提升。

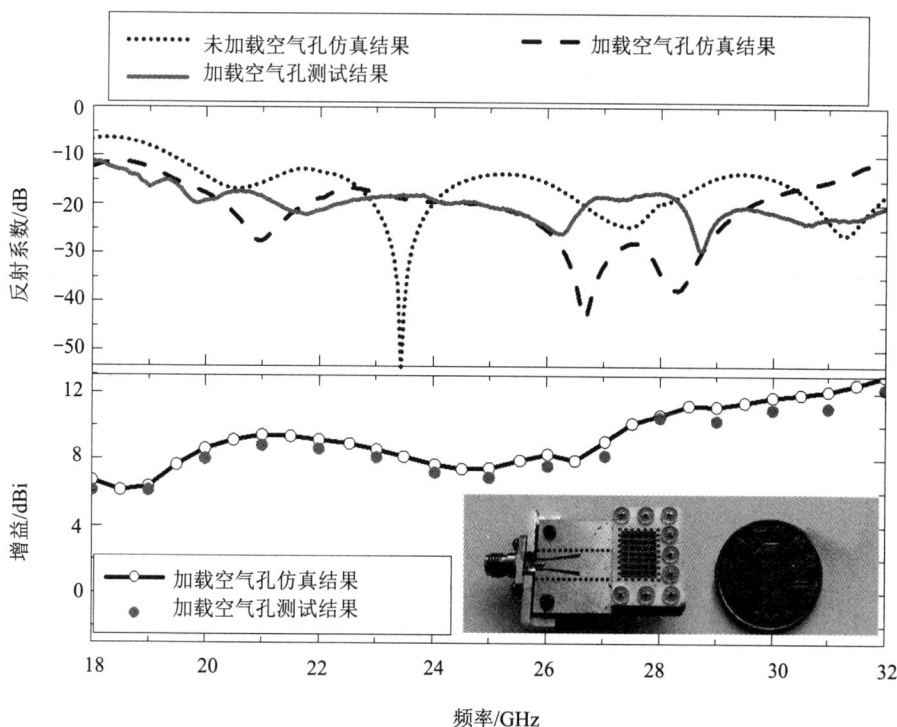

图 6-3　宽边 SIW 喇叭天线的仿真和实测反射系数与增益曲线

| ■ 18 GHz仿真主极化 | ■ 25 GHz仿真主极化 | ■ 32 GHz仿真主极化 |
| ■ 25 GHz测试主极化 | - - 25 GHz测试交叉极化 | |

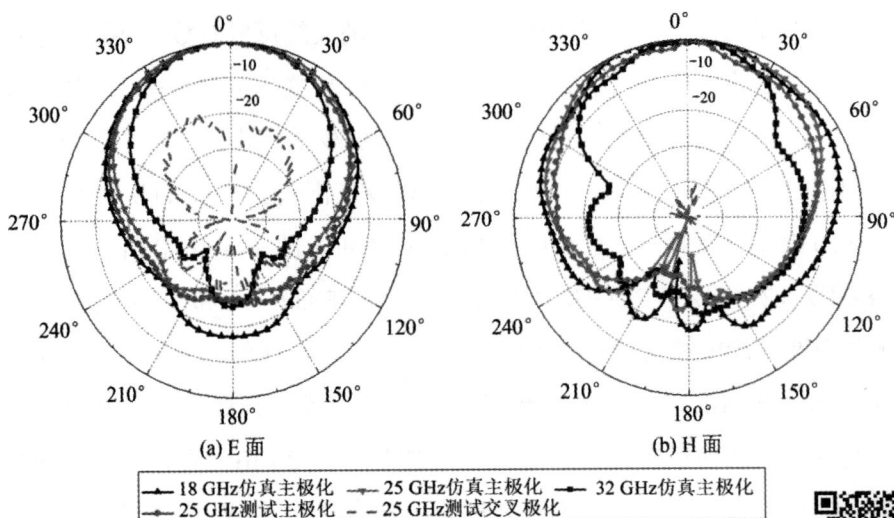

图 6-4　宽边 SIW 喇叭天线在三个频点的远场方向图

6.1.2　基于宽边 SIW 喇叭天线的四元阵

在上述宽边喇叭天线单元的基础上，通过合理设计馈电网络，有望实现具有宽带特性的宽边喇叭天线阵。图 6-5 中给出了一个基于上述单元结构并加载馈电网络的 2×2 天线阵构造示意图。为了使图中信息清楚易懂，图中(a)和(b)分别刻画了该构造的侧视图和俯视图。整个天线阵列由六层 PCB 构成，按照从底层到顶层的顺序，前四层构成宽边喇叭的金属壁以实现展宽阻抗带宽的效果，记为区域 I；背腔缝隙辐射结构位于第五层，记为区域 II；第六层由一个 T 型两路功分器构成，记为区域 III。通过适当地调节区域 II 和区域 III 之间的耦合强度，输入的能量能够等分到四个辐射缝隙中。图中带箭头的虚线代表能量在天线中的传播路径。$M_1 \sim M_4$ 层代表了基板之间的金属层。正如图(b)所示，区域 I 由四个 SIW 腔体构成，相邻腔体在 x 轴和 y 轴方向的距离分别记为 d_x 和 d_y。区域 I 中的多层腔体被区域 II 中的两个两路功分器上的四个缝隙直接激励。区域 III 中 T 型功分器的输出端与 SIW 腔体下方的缝隙直接相连，构成二次耦合，如图中虚线框标注的耦合区域所示。该耦合区域通过探针和缝隙结构均能实现。

(a) 侧视面

(b) 俯视图

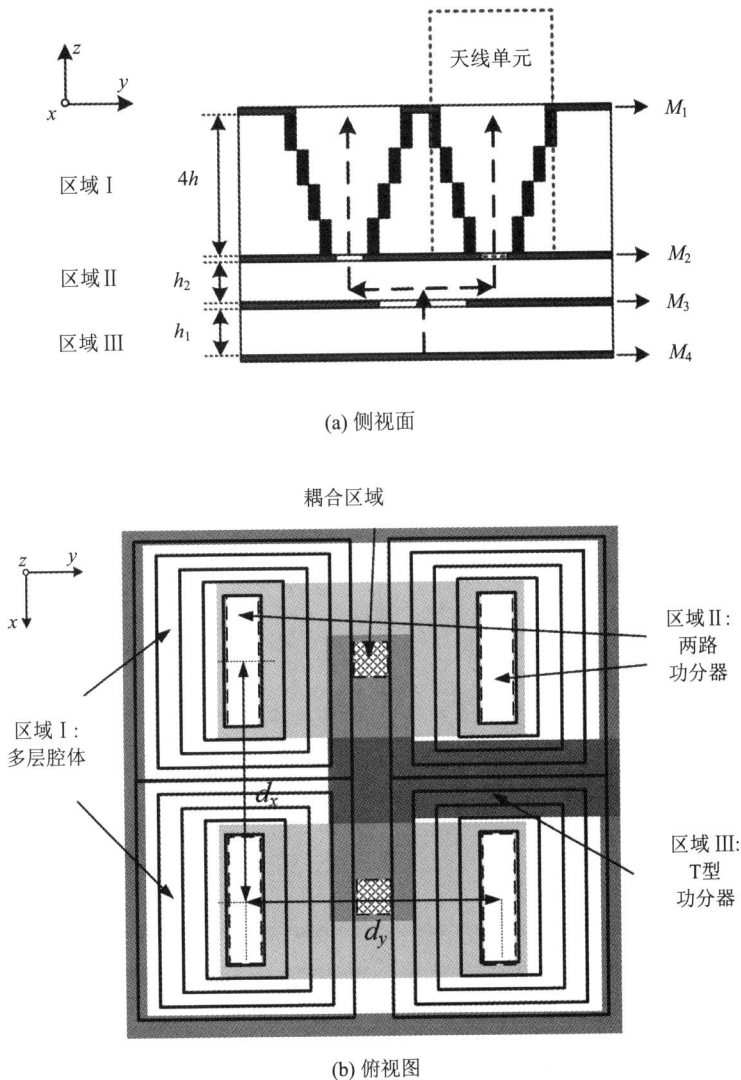

图 6-5　四元宽边 SIW 喇叭天线阵结构示意图

6.1.3　基于探针耦合的宽边 SIW 喇叭天线四元阵

1. 功分器设计

图 6-6 中给出了基于探针耦合的功分器结构的透视图和侧视图。正如图中所示，区域 II 和区域 III 中的两条 SIW 传输线相互垂直放置，这两条

传输线通过半径为 r_1 的探针产生耦合。探针位于区域 II 中 SIW 传输线的中心位置，因此能量能够等分到两个输出端口。同时，探针位于区域 III 中 SIW 的垂直对称轴上，到 SIW 终端短路的距离记为 l_{x1}。为了达到理想的耦合效果，l_{x1} 大小应设置为 $(2n+1)\dfrac{\lambda_g}{4}\,(n=0,\ 1,\ 2\cdots)$，$\lambda_g$ 为中心谐振频率处的波导波长。为了避免短路，在金属层 M_3 上刻蚀了半径为 r_2 的圆形缝隙。通过调节参数 w_1，w_2，r_1，r_2 及 l_{x1}，能够实现良好的传输效果。最终优化后的参数见表 6-2。

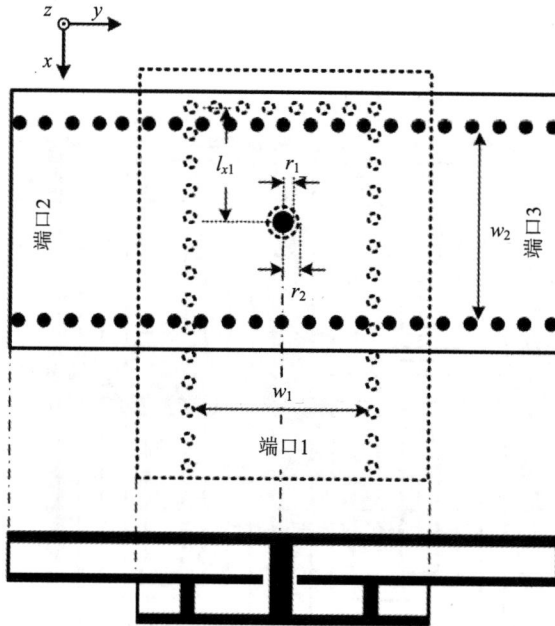

图 6-6   基于探针耦合的功分器结构示意图

表 6-2   基于探针耦合的功分器尺寸   单位：mm

参数	尺寸	参数	尺寸
w_1	7	l_{x1}	3
w_2	7	h_1	0.508
r_1	0.5	h_2	1.524
r_2	0.9		

图 6-7 中给出了最上层 SIW 腔体表面的磁场分布。可以发现，磁场分布关于耦合探针是几何对称的，因此在图中两个标注位置上(即 S_1、S_2)的磁场分布是反向的，从而导致在端口 2、端口 3 处接收到的信号是反相的。图 6-8 中进一步给出了该功分器的 S 参数，如图(a)所示，该功分器在 $19.5 \sim 28.9\,\mathrm{GHz}$ 的频段范围内，反射系数 $|S_{11}|$ 均小于 $-10\,\mathrm{dB}$。图(b)结果表明，两路输出信号具有等幅反相的关系。

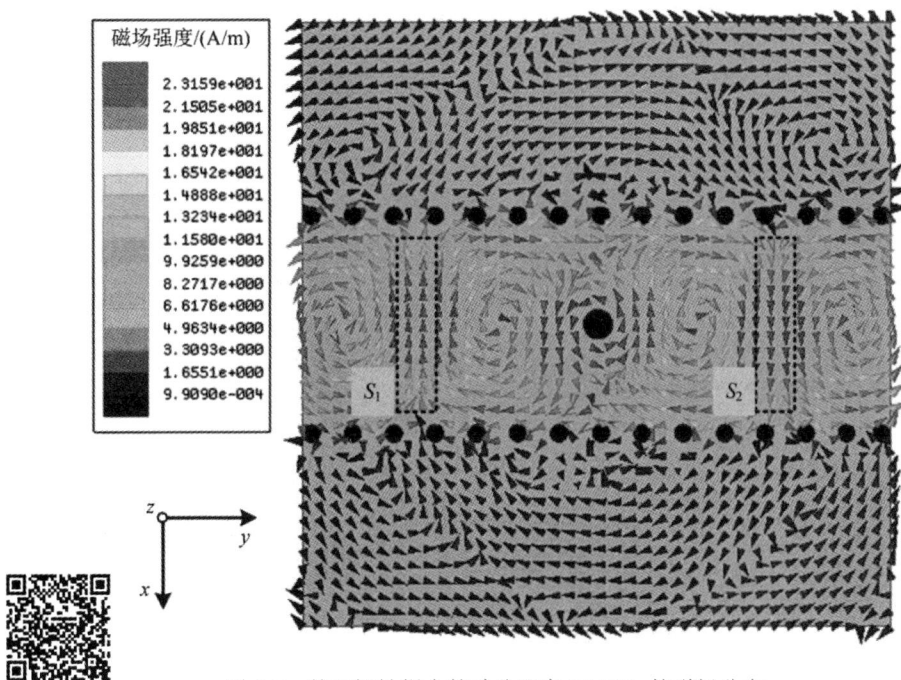

图 6-7　基于探针耦合的功分器在 24 GHz 的磁场分布

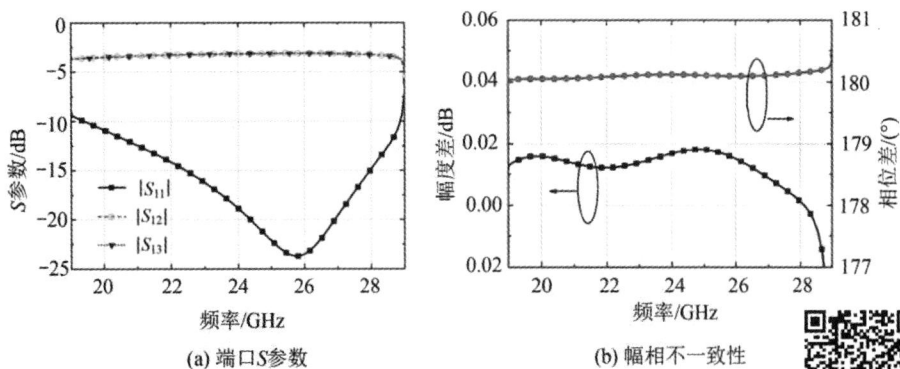

(a) 端口 S 参数　　(b) 幅相不一致性

图 6-8　基于探针耦合的功分器输出结果

2. 基于探针耦合功分网络的四元阵

由于功分器的两路输出信号是等幅反相的，为了实现四元阵的设计，水平方向的相邻辐射单元相对于耦合探针的位置必须是非对称的。图 6-9 中详细给出了包含区域Ⅱ和区域Ⅲ的馈电网络结构示意图。

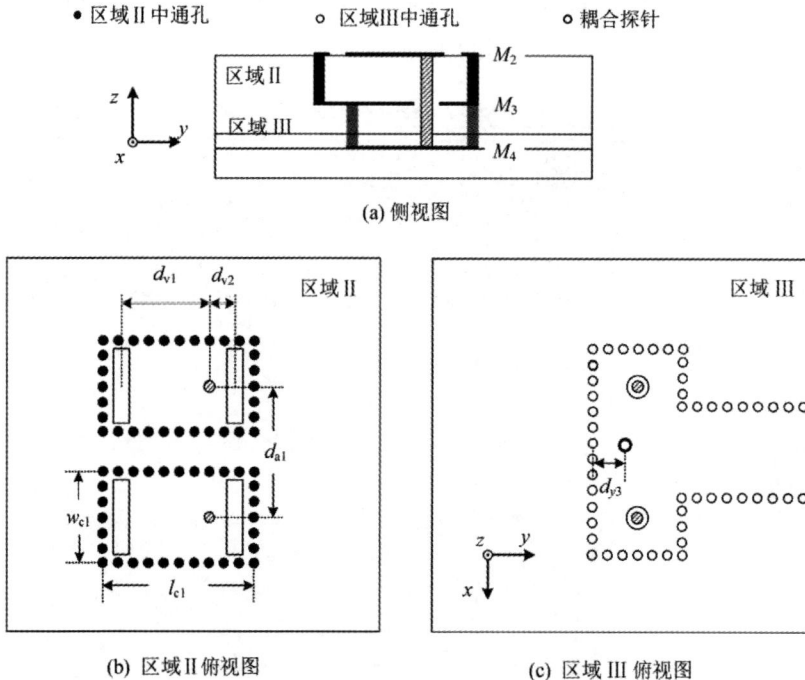

図 6-9　基于探针耦合的功分网络结构示意图

如图 6-9(b)所示，每两个天线单元构成一个子阵，该子阵被一个尺寸为 $w_{c1} \times l_{c1}$ 的腔体所包围。相邻两个缝隙之间的水平和垂直间距分别为 $d_{v1} + d_{v2}$、d_{a1}。通过调节 d_{v1}、d_{v2} 的大小，同一腔体中两个缝隙的电场分布能够满足等幅同相的关系。如图 6-9(c)所示，我们设计了一个 T 型功分器对两个第二级两路功分器进行馈电。在 T 型功分器中，在距离边壁 d_{y3} 的位置处引入了一个直径为 1.6 mm 的金属柱以实现功分器良好的传输效果。

3. 实验结果与分析

基于上述分析，经过 HFSS 软件仿真优化后，我们完成了天线阵的实物加工并进行了测试，天线阵尺寸见表 6-3。

表 6-3　基于探针耦合的天线阵尺寸　　　　单位：mm

参数	尺寸	参数	尺寸
a_1	7.7	d_{v2}	2.3
b_1	3.8	w_{c1}	7.8
a_2	9.9	l_{c1}	13.3
b_2	5.4	h	1.524
a_3	10.9	d_{a1}	10.7
b_3	7	w_s	1.5
a_4	10.9	l_s	6.4
b_4	8.6	d_{y3}	2.4
d_{v1}	7.7		

　　天线阵实物如图 6-10 所示。天线阵的外围加载了若干定位孔以便于多层结构的安装，天线阵通过 50 Ω 微带线到 SIW 的过渡结构与 SMA 接头连接。

图 6-10　基于探针耦合的四元天线阵实物图

　　图 6-11 中对比了该四元阵的仿真与测试反射系数。考虑到加工误差以及多层 PCB 之间的对准误差(图中灰色区域为对准误差引起的浮动)，测试结果相对于仿真结果略差。天线实测阻抗带宽覆盖 20～28 GHz 的频段范围，相对带宽超过 30%。多层基板之间的空气层会对天线性能产生较大影响，需要在实物加工过程中尽可能地避免该类误差的影响。

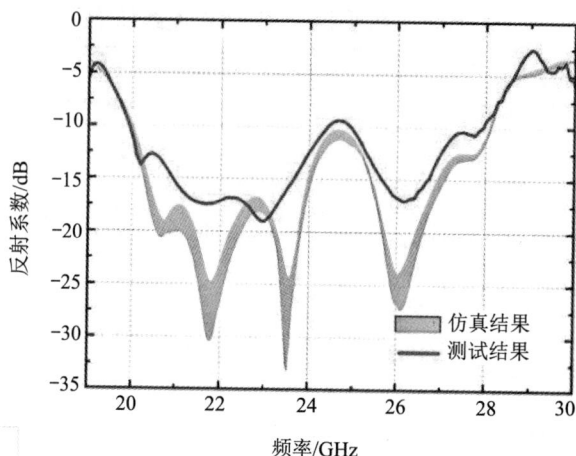

图 6-11　基于探针耦合的四元天线阵反射系数

图 6-12 中给出了该天线阵在三个频点的 E 面和 H 面的远场方向图。如图中所示，仿真结果与测试结果具有很好的一致性。需要强调的是，E 面主波束出现了偏离边射方向的现象，这一现象在频率高于 28 GHz 时更加明显。这是由于天线单元在 y 轴方向相对于耦合探针是不对称放置的，因此超过一定的频率范围后，相邻单元之间的等幅同相条件不再满足。如图 (c)所示，当工作频率高达 28 GHz 时，E 面主波束偏离边射方向约 15°。这一现象导致了天线阵增益有所下降。H 面主波束方向在整个频段范围内始终指向边射方向。图 6-13 为仿真与实测边射增益的对比结果。由于多层 PCB 之间缝隙的影响，实测增益略小于仿真增益。此外，由于偏移的主瓣方向，天线阵在超过 26 GHz 频率以后增益下降得非常明显。

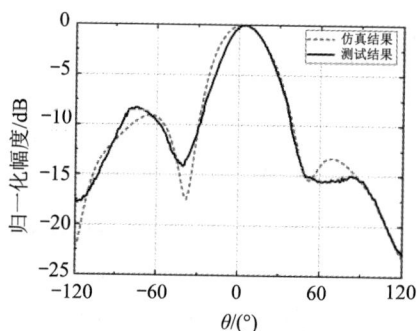

(a) 20 GHz、E面

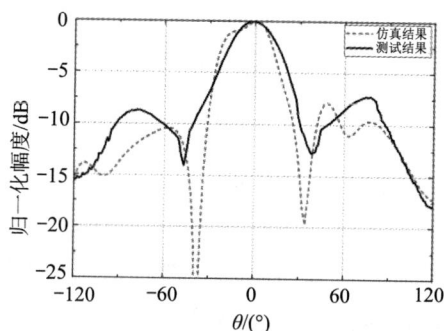

(b) 24 GHz、E面

(c) 28 GHz、E面

(d) 20 GHz、H面

(e) 24 GHz、H面

(f) 28 GHz、H面

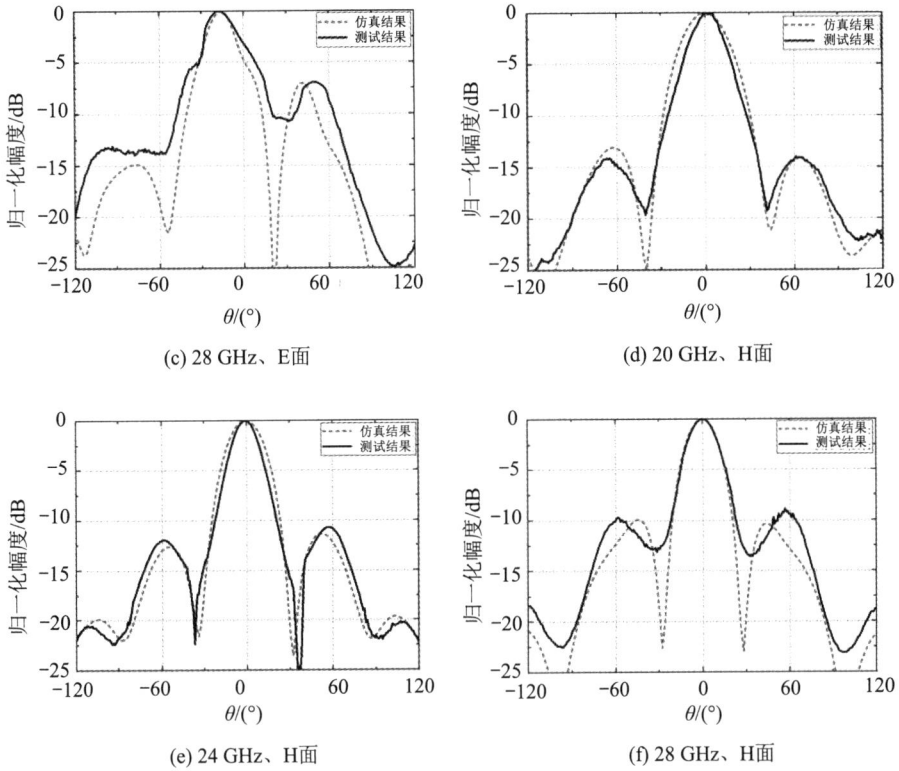

图 6-12　基于探针耦合的四元宽边 SIW 喇叭天线阵的仿真与测试方向图

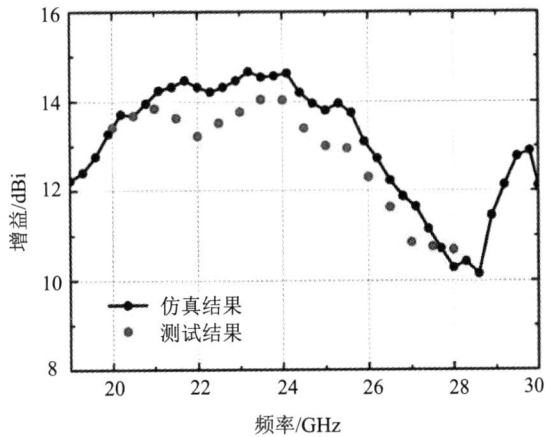

图 6-13　基于探针耦合的四元宽边 SIW 喇叭天线阵的仿真与测试增益

6.1.4　基于缝隙耦合的宽边 SIW 喇叭天线四元阵

1. 功分器设计

图 6-14 给出了基于缝隙耦合的馈电网络透视图。该功分器同样包含两层结构，如图中所示，区域 II 和区域 III 中的两条 SIW 传输线垂直放置，并通过一个尺寸为 $w_{s1} \times l_{s1}$ 的缝隙进行耦合。耦合缝隙位于区域 II 中 SIW 传输线的中心，以便将输入的能量等分到两个输出端口。此外，缝隙相对于区域 III 中 SIW 传输线对称轴的位置偏移距离为 l_{y2}，且距离馈电 SIW 短路位置的距离为 l_{x2}。同时，在距离边壁和底壁 l_{y3} 和 l_{x3} 的位置处插入一个金属化通孔以进一步改善功分器的阻抗匹配。优化后的参数大小见表 6-4。

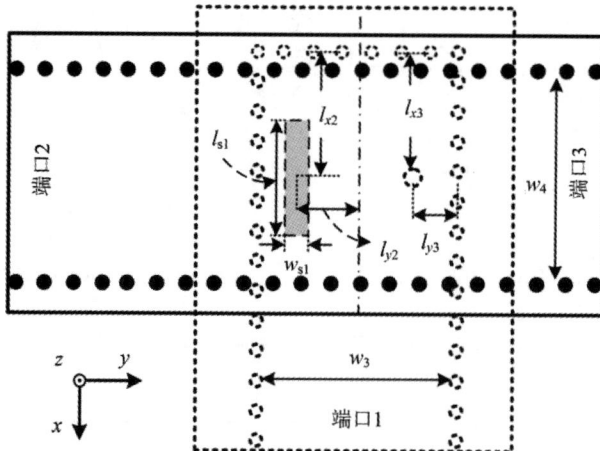

图 6-14　基于缝隙耦合的功分器结构示意图

表 6-4　基于缝隙耦合的功分器尺寸　　单位：mm

参数	尺寸	参数	尺寸
w_{s1}	1.0	w_3	6.2
l_{s1}	5.2	w_4	6.2
l_{x2}	2.8	l_{x3}	2.8
l_{y2}	1.5	l_{y3}	1.5
h_1	1.016	h_2	1.524

　　图 6-15 中给出了区域 II 中 SIW 表面的磁场分布情况。当采用缝隙耦合后，耦合口径处的场分布主要包含 x 轴方向的磁场分量，且在 y 轴方向上关于耦合缝隙是对称的。这一现象表明图中标注的两个位置(即 S_3 和 S_4)具有相同的磁场分布，从而导致端口 2 和端口 3 接收到的两路信号是同相的。图 6-16 中进一步给出了该功分器的仿真结果。图(a)中结果表明，该功分器同样能够实现 30%以上的阻抗带宽，在 22.3～32.2 GHz 的频段范围内，功分器的反射系数均小于−10 dB。图(b)表明，在整个阻抗带宽范围内，功分器的两路输出信号满足等幅同相的关系。

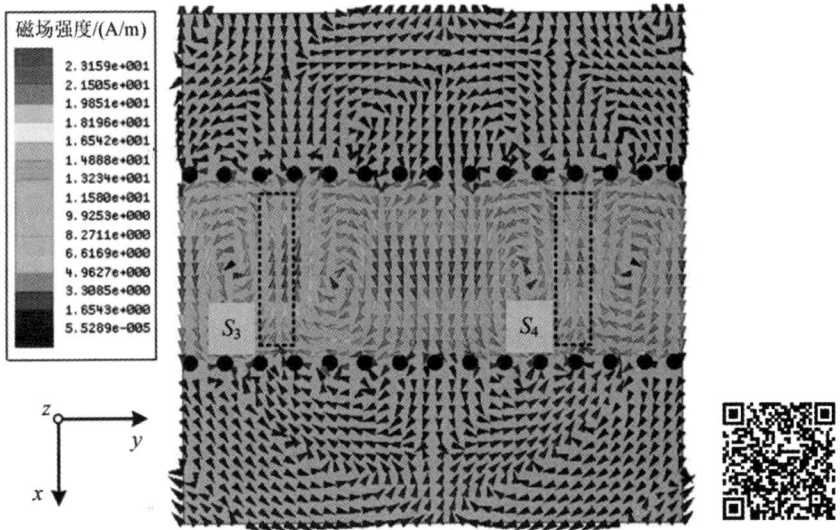

图 6-15　基于缝隙耦合的功分器在 24 GHz 频率处的上表面磁场分布

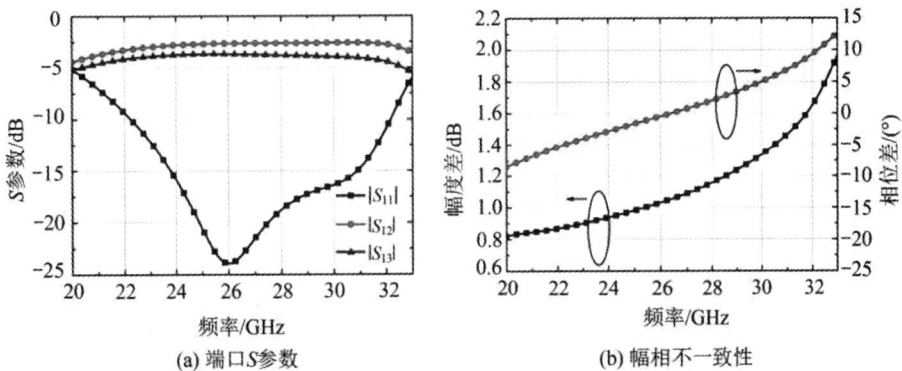

(a) 端口 S 参数　　　　(b) 幅相不一致性

图 6-16　基于缝隙耦合的功分器仿真结果

2. 基于缝隙耦合功分网络的四元阵

由于功分器的两路输出信号满足等幅同相的关系，那么辐射缝隙需要对称地放置在耦合缝隙的两端，如图 6-17 所示。图中给出了包含区域Ⅱ和区域Ⅲ的馈电网络结构。如图(a)所示，每两个单元构成一个子阵且被一个尺寸为 $w_{c2} \times l_{c2}$ 的腔体包围。相邻单元之间的水平和垂直间距分别为 d_{a2}、d_{a3}。如图(b)所示，在区域Ⅲ中仍采用一个 T 型功分器对区域Ⅱ中的第二级两路功分器进行馈电。在距离边壁 d_{y4} 的位置处引入了一个直径为 1.6 mm 的金属柱，以实现功分器良好的传输效果。

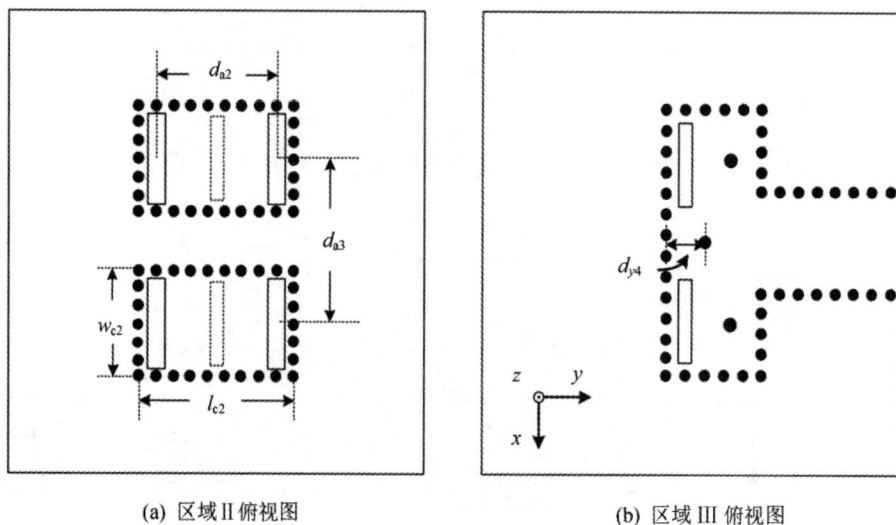

(a) 区域Ⅱ俯视图　　　　　　　　(b) 区域Ⅲ俯视图

图 6-17　基于缝隙耦合的功分网络结构示意图

3. 实验结果与分析

基于上述分析，经过 HFSS 软件优化仿真后，我们完成了天线阵的实物加工并进行了测试，天线阵实物见图 6-18，天线阵尺寸见表 6-5。该天线阵通过 SIW 到 50 Ω GCPW 的过渡结构与 SMA 结构连接，采用的GCPW 在整个频段内的损耗不高于 1.9 dB[119]。仿真与实测反射系数见图6-19。图中结果显示，在 22.5～30.5 GHz 的频段范围内，天线阵的反射系数均小于 −10 dB，相对带宽超过 30%。由于多层结构之间存在着空气层，仿真与测试结果仍然有一定的误差。

图 6-18　基于缝隙耦合的四元天线阵实物图

表 6-5　基于缝隙耦合的天线阵尺寸　　单位：mm

参数	尺寸	参数	尺寸	参数	尺寸	参数	尺寸
a_1	7.6	b_3	7.1	D_5	1.2	h	1.016
b_1	3.9	a_4	10.8	d_{a2}	10.2	d_{y4}	2.8
a_2	9.2	b_4	8.7	d_{a3}	8.8	w_s	1.3
b_2	5.5	D_3	0.6	w_{c2}	7	l_s	6
a_3	10.8	D_4	0.9	l_{c2}	11.3		

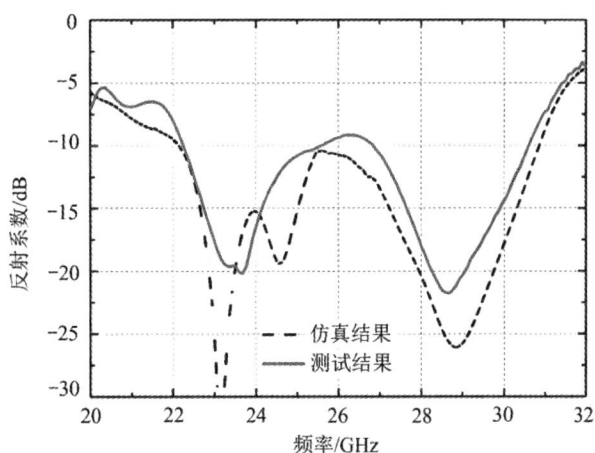

图 6-19　基于缝隙耦合的四元天线阵反射系数

如图 6-20 所示，在整个频段范围内，该天线阵的增益浮动仅为 1 dBi，相对于探针耦合的天线阵实现了增益平坦度的大幅提升，具有更加平稳的增益特性。图 6-21 中给出了该天线阵的仿真与测试 E 面和 H 面方向图。如图中所示，由于采用对称式的馈电网络，在整个频段范围内主瓣方向始终指向边射方向。

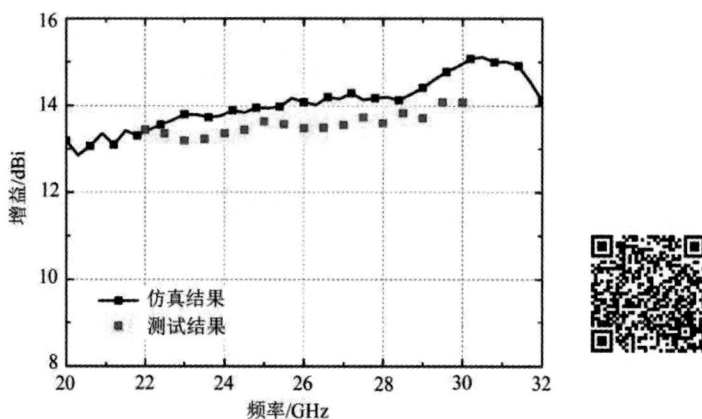

图 6-20　基于缝隙耦合的四元天线阵增益曲线

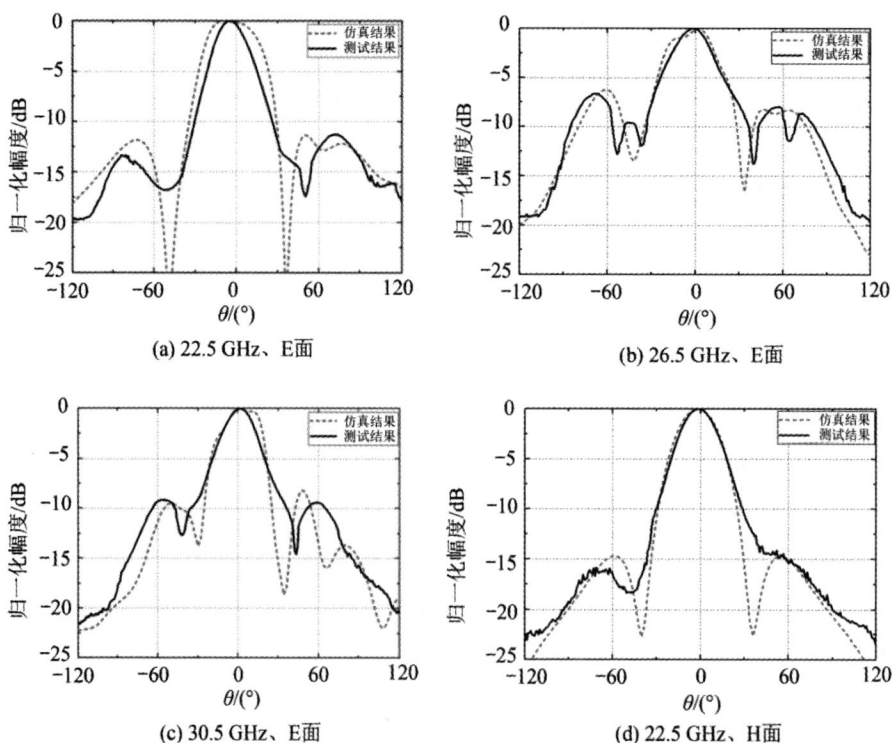

(a) 22.5 GHz、E面

(b) 26.5 GHz、E面

(c) 30.5 GHz、E面

(d) 22.5 GHz、H面

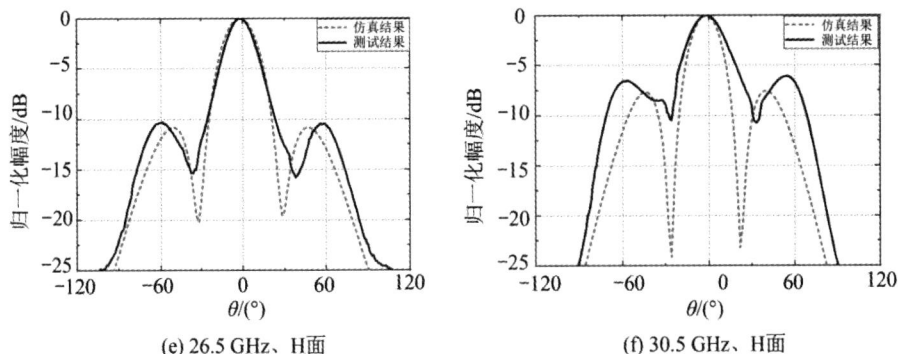

(e) 26.5 GHz、H面　　　　　　　　　(f) 30.5 GHz、H面

图 6-21　基于缝隙耦合的四元宽边 SIW 喇叭天线阵的仿真与测试方向图

表 6-6 中对比了几种代表性 SIW 天线阵列的性能指标。相比于前人的工作，本节所介绍的天线阵的阻抗带宽实现了非常显著的展宽。此外，由于加载多层 SIW 腔体结构，该类天线阵具有非常高的辐射效率。

表 6-6　几种代表性 SIW 天线阵列的性能对比

天线阵列	中心频率 /GHz	单元 数量	阻抗带宽 /%	3 dB 增益 带宽/%	峰值增益 /dBi	辐射效率 /%
文献[104]中的 天线阵列	60	2 × 4	11.5	11.5	12	N/A
文献[105]中的 天线阵列	35	2 × 2	13.4	13.4	10.8	N/A
文献[114]中的 天线阵列	60	8 × 8	17.1	17.1	22.1	≥44.4
文献[115]中的 天线阵列	20	4 × 4	14	6.7	17.8	N/A
文献[116]中的 天线阵列	20	16 × 16	19.2	15	29.1	≥62
文献[117]中的 天线阵列	8.93	4 × 4	16.7	16.7	15.5	≥84
探针耦合 阵列	24	2 × 2	33.3	29.7	14.1	≥90
缝隙耦合 阵列	26.5	2 × 2	30.2	30.2	14.2	≥90

6.2　十六元宽边 SIW 喇叭天线阵

　　当对天线阵提出更宽阻抗带宽的需求时，由于缝隙单元本身的窄带特性，现有技术无法实现实质性的突破。因此，我们尝试提出一种具有宽带特性的背腔天线单元来实现宽带 SIW 背腔天线阵的设计。如文献[114]中所述，加载的开路 SIW 腔体结构能够在一定程度上减少介质与空气之间的介电常数差，从而使得阵列阻抗带宽达到 17.1%。在这种方式的启发下，在 SIW 背腔缝隙天线的上表面加载具有渐变结构的开路腔体有望进一步实现展宽阻抗带宽的效果。然而，考虑到必须利用 SIW 的短路终端将输出的垂直极化波转换成水平极化波，因此加载的多层腔体必须放在馈电 SIW 的末端，这为构建天线阵带来了挑战。上节介绍了四元阵的设计方法，但是这种组阵方式效率较低。文献[120]中提出了采用带状线和微带线的馈电结构设计多层 SIW 天线阵，但天线阵的阻抗带宽只有 16%。本节将介绍一种十六元多层 SIW 背腔缝隙天线阵，在多层 SIW 宽边喇叭天线单元的基础上，引入一种效率更高的馈电网络。结果表明，该天线阵在保证阻抗带宽的同时，更加便于大规模阵列的扩展。

6.2.1　阵列结构

　　十六元 SIW 宽边喇叭天线阵的透视图和侧视图见图 6-22。为了清楚地展示馈电网络相对于天线单元的分布情况，图(a)中只画出了最上层的腔体并且略去了金属化通孔，图(b)中带箭头的虚线代表天线阵中能量的传播路径。整个天线阵包含三个区域，即多层腔体、四个四路功分器和一个 H 型功分器，其中浅灰色区域代表四路功分器，深灰色区域代表 H 型功分器，这两部分构成整个馈电网络。能量首先从最底层输入到 H 型功分器中，通过该功分器末端纵向缝隙的耦合作用，能量被传递到四路功分器中。每一个四路功分器包含四个缝隙结构，每一个缝隙都是四路功分器的输出端口。

(a) 透视图

(b) 侧视图

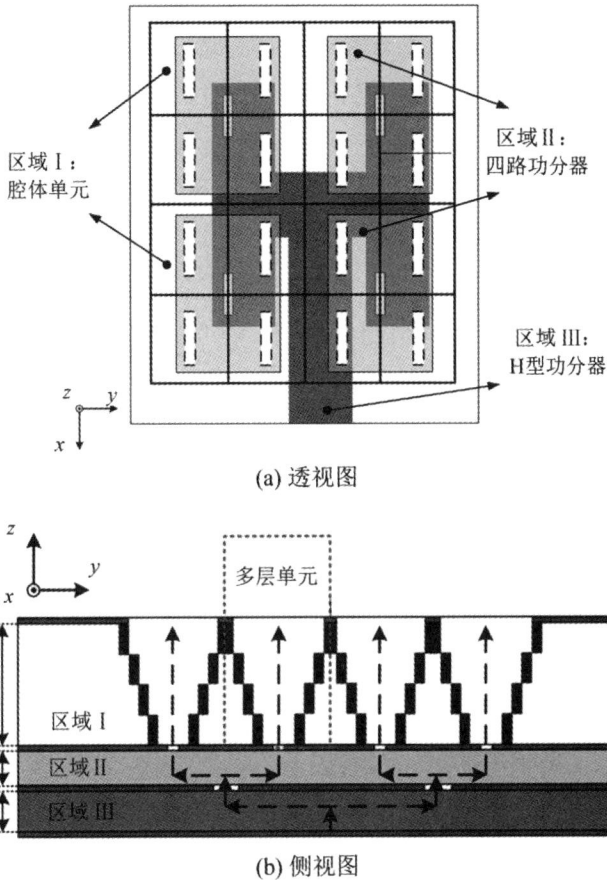

图 6-22 十六元 SIW 宽边喇叭天线阵结构示意图

图 6-23 中进一步解释了上述三个区域的具体信息。首先，区域 I 由厚度均为 h、尺寸相同的四层基板构成。第 i 层上的腔体口径大小为 $a_i \times b_i$，且腔体中加载了直径为 D_i 的空气孔。腔体的金属壁由直径为 d 的金属化通孔构成。为了确保输入的能量在多层腔体内部传播，腔体的尺寸大小需满足 $a_i - a_{i-1} = d$，$b_i - b_{i-1} = d$。每四个相邻单元构成一个子阵，如图(a)中虚线框区域所示。天线单元在 x 轴和 y 轴方向间距分别记为 d_x、d_y。区域 II 的高度为 h_2。四路功分器由一个尺寸为 $w_c \times l_c$ 的腔体构成，而每一个腔体可以分成四个子腔体。四个子腔体被一个尺寸为 $w_g \times l_g$ 的耦合窗连接。功分器的输出端口为尺寸为 $w_s \times l_s$ 的缝隙。四路功分器被区域 III 中的 H 型功分器直接激励，区域 III 的高度为 h_1。

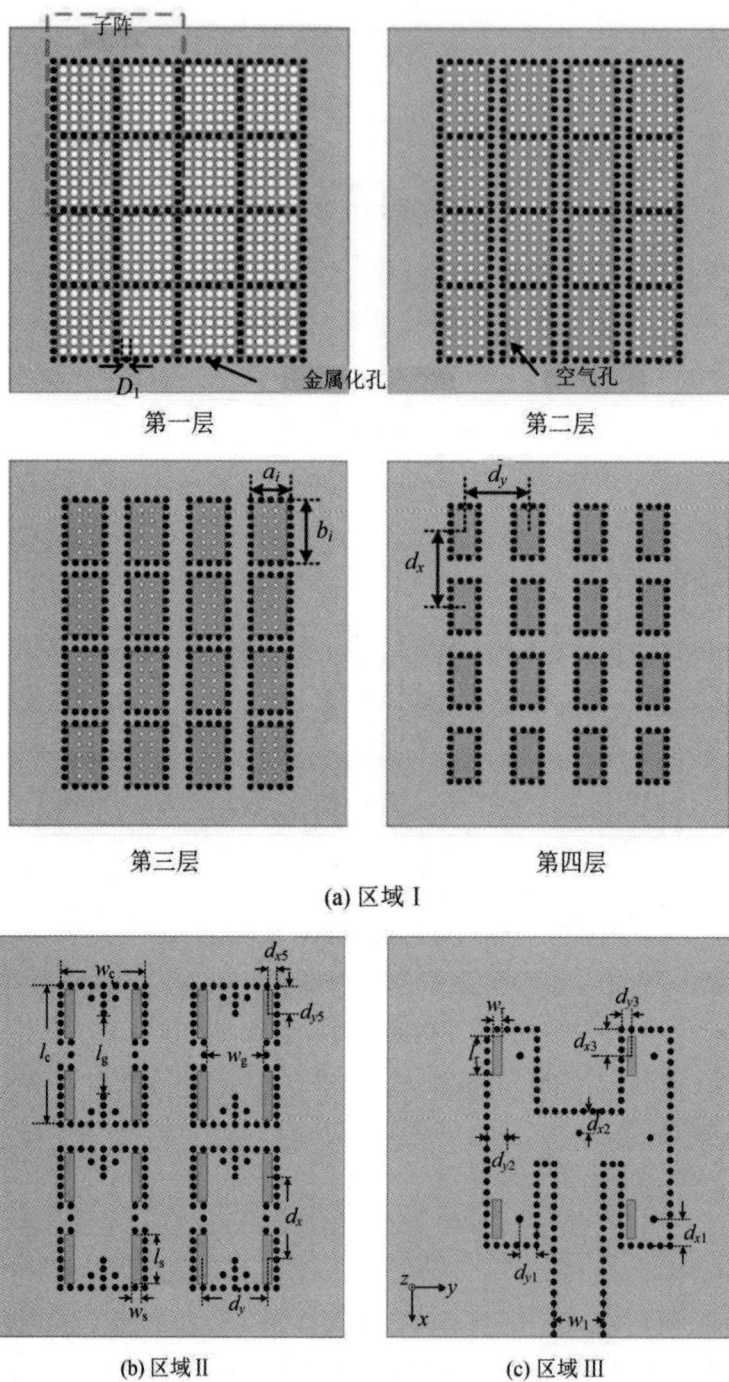

第一层

第二层

第三层

第四层

(a) 区域 Ⅰ

(b) 区域 Ⅱ

(c) 区域 Ⅲ

图 6-23　十六元 SIW 宽边喇叭天线阵结构俯视图

6.2.2　阵列设计

1. 单元特性

为了解释天线单元的工作原理，同时为选择合理数量的过渡层数提供科学依据，我们首先分析天线性能随腔体层数的变化规律。相关的结构参数见表 6-7。如图 6-24 所示，当腔体层数增加时，天线的阻抗匹配逐渐改善，边射增益逐渐增大。事实上，加载的层数越多，从缝隙辐射到自由空间的能量越多，从而得到更好的阻抗匹配效果和更高的辐射特性。然而，当加载结构超过 4 层后，阻抗匹配的改善程度不再明显，且给阵列构造带来了更大挑战，同时增加了设计复杂度。因此我们采用 4 层 SIW 腔体结构作为缝隙的阻抗转换结构。

表 6-7　SIW 宽边喇叭天线的结构参数　　单位：mm

参数	尺寸	参数	尺寸
a_1	3.1	a_5	9.5
b_1	6.5	b_5	12.9
a_2	4.7	w_1	6.5
b_2	8.1	l_s	6.3
a_3	6.3	w_s	1.3
b_3	9.7	h	1
a_4	7.9	d	1.6
b_4	11.3		

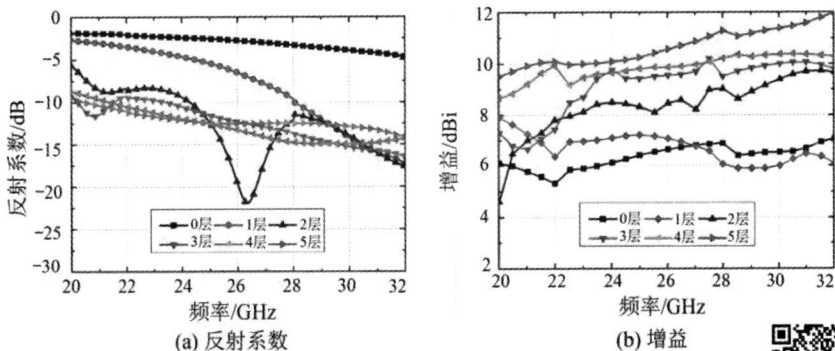

(a) 反射系数

(b) 增益

图 6-24　SIW 宽边喇叭天线的反射系数和增益随层数变化趋势

天线单元的辐射效率和单元之间的隔离度见图 6-25。结果表明，天线单元具有高于 95% 的辐射效率。此外，可以发现，相邻天线单元在 H 面 (xz 面)的隔离度基本低于 −25 dB，在 E 面(yz 面)的隔离度低于 −15 dB。

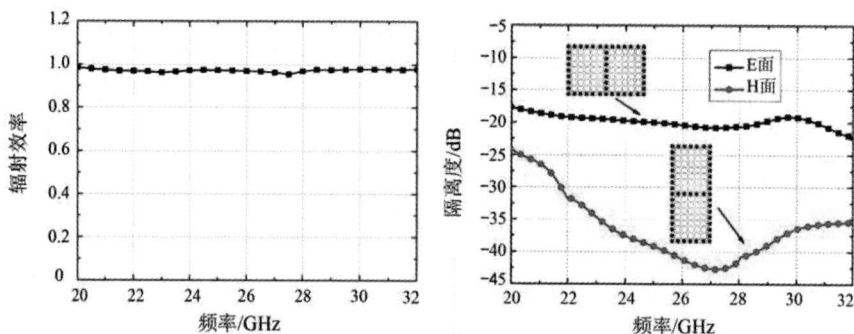

图 6-25　SIW 宽边喇叭天线单元的仿真结果

2. 四路功分器

四路功分器构造如图 6-26 所示。整个功分器包含两层结构，能量从下层的端口 1 输入，并通过一个距离底壁和边壁 d_{x3}、d_{y3} 的缝隙进行耦合。采用一个距离底壁和边壁分别为 d_{x1}、d_{y1} 的金属化通孔调节匹配效果。在馈电网络的上层，通过一个耦合窗将输入的能量进行四等分。采用一个距离拐角 d_{x4}、d_{y4} 的金属化通孔调节能量从耦合窗到四个支路的过渡效果。优化后的参数见表 6-8。

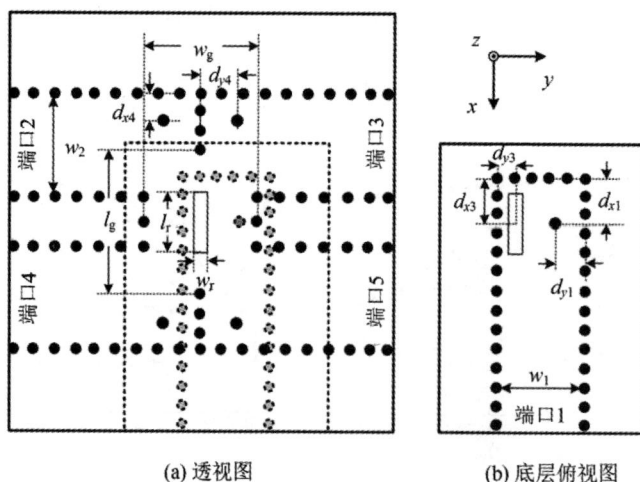

(a) 透视图　　　　(b) 底层俯视图

图 6-26　四路功分器结构示意图

表 6-8　四路功分器的结构参数　　　单位：mm

参数	尺寸	参数	尺寸
d_{x1}	3	w_1	6.5
d_{y1}	2.2	w_2	7
d_{x3}	1.3	w_g	8
d_{y3}	3	l_g	10
d_{x4}	1.6	w_r	1.2
d_{y4}	2.5	l_r	5.5
h_1	0.5	h_2	1

　　四路功分器的上表面磁场分布如图 6-27 所示。可以发现，磁场主要包含 y 分量。在距离功分器耦合中心相同距离的对称位置上(即四个支路上的 A_1、A_2、A_3、A_4 所示的位置)，磁场矢量几乎具有相同的方向，这一现象可以表明四个输出端口的接收信号是同相的。图 6-28 中进一步给出了该四路功分器的具体仿真结果。在 22.5～30 GHz 的频段范围内，该功分器的反射系数均低于 −10 dB。此外，在该频段范围内，四个支路信号的幅度差低于 2.5 dB，且相位差小于 12°。

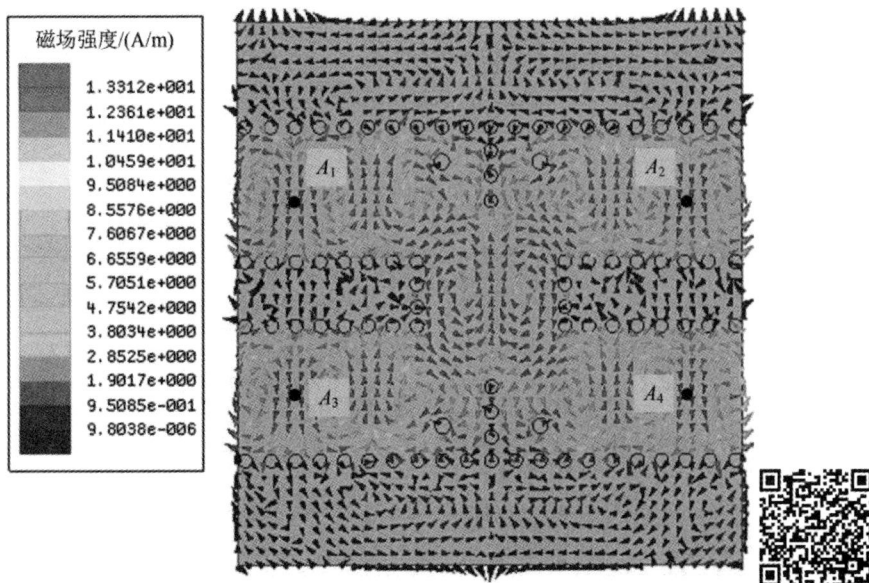

图 6-27　四路功分器在 26 GHz 频率处的上表面磁场分布

(a) 端口幅度　　　(b) 端口相位

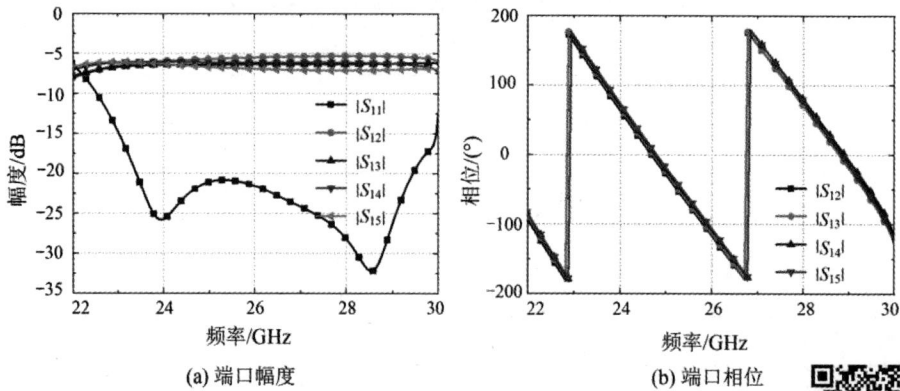

图 6-28　四路功分器的仿真结果

3. 四元子阵

由于功分器的四路输出信号几乎等幅同相，因此天线单元需要关于功分器的中心位置对称放置，对应四元子阵的结构见图 6-29。该子阵由六层 PCB 构成，其中馈电网络占据底部两层。为了激励天线单元，我们采用金属化通孔将四路功分器短路成一个腔体，四个缝隙结构放置于腔体的四个角落，以便将功分器中垂直极化的电磁波转化成多层腔体中水平极化的电磁波。

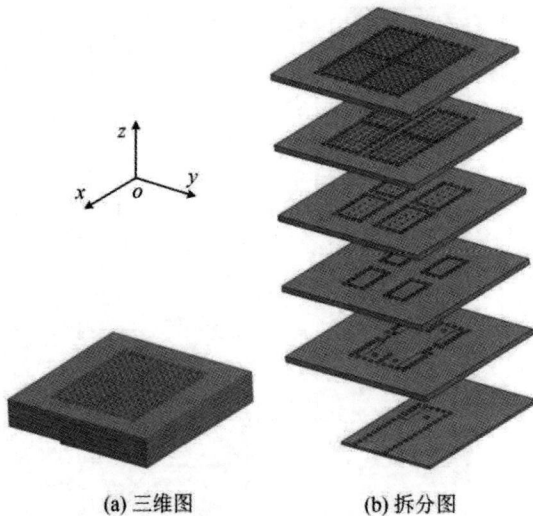

(a) 三维图　　　(b) 拆分图

图 6-29　四元子阵的结构示意图

在上述功分器的基础上，可以构建一个四元子阵，其结构参数见表 6-9。如图 6-30 所示，该子阵具有 30.6% 的相对阻抗带宽，在 21.8~29.7 GHz 的频段范围内，反射系数小于 -10 dB。在这个频段范围内，该子阵具有比较平坦的增益特性，增益在 15 dBi 附近浮动。此外，图 6-31 中结果表明该子阵具有稳定的边射辐射特性。需要注意的是，当工作频率提升到 29.7 GHz 以后，该子阵的旁瓣电平相对低频时略高，这是由于当频率升高时，单元间距相对于工作波长变大，旁瓣电平升高。

表 6-9　四元 SIW 宽边喇叭天线阵的结构参数　单位：mm

参数	尺寸	参数	尺寸	参数	尺寸
a_1	3.1	b_3	9.7	D_3	0.9
b_1	6.5	a_4	7.9	D_4	1.2
a_2	4.7	b_4	9.7	d_x	10.3
b_2	8.1	D_1	0	d_y	9.2
a_3	6.3	D_2	0.4	l_c	18

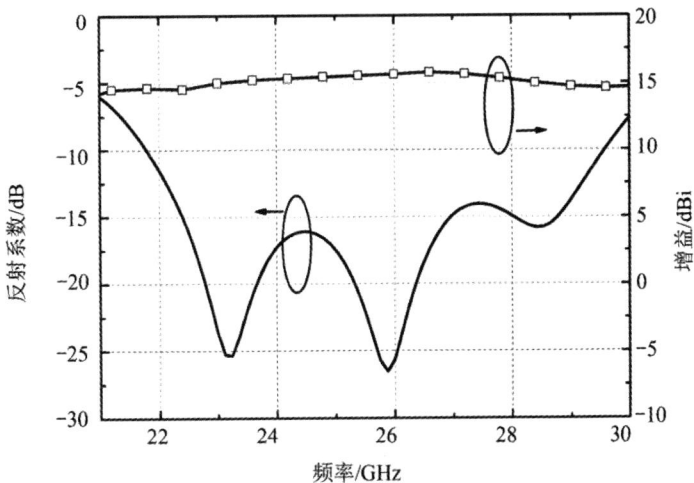

图 6-30　四元子阵的反射系数和增益曲线

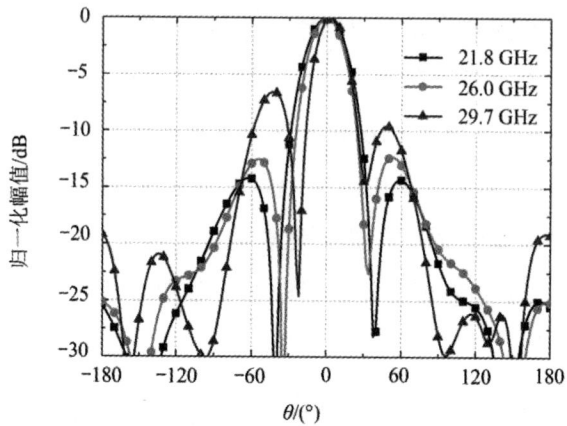

(a) E面

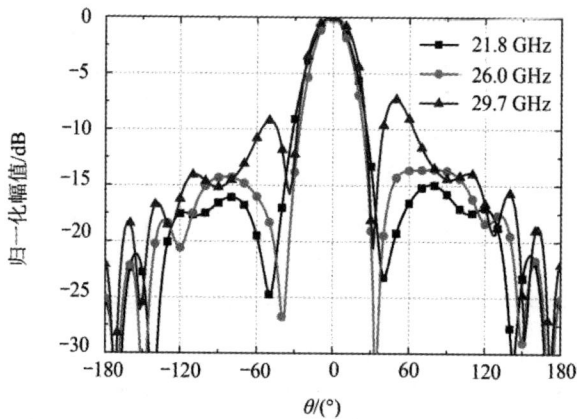

(b) H面

图 6-31　四元子阵的远场方向图

6.2.3　实验结果与讨论分析

当在区域 Ⅲ 中采用 H 型功分器馈电后，四元子阵便可以扩展成十六元天线阵。我们对优化好的天线阵模型进行实物加工并完成了测试，如图 6-32 所示。采用 50 Ω 微带线作为 SIW 到 SMA 接头的过渡结构，在仿真中微带到 SIW 过渡结构的损耗已经考虑在内。所有结构都采用 Rogers 5880 板材加工。天线阵的仿真与实测反射系数如图 6-32 所示。在 22.9～29.8 GHz 的频段范围内，天线阵的反射系数基本都小于 −10 dB，相

对带宽为 26.5%。由于多层基板之间的空气层影响以及加工误差，仿真结果与测试结果之间存在着一定的偏差。

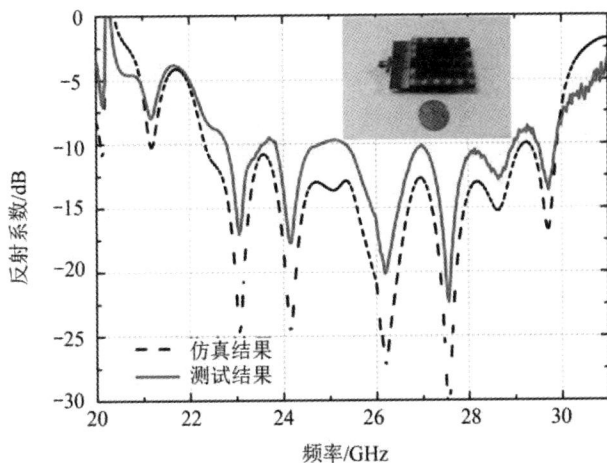

图 6-32　十六元 SIW 宽边喇叭天线阵的仿真与实测反射系数

该天线阵在三个代表频点的远场方向图见图 6-33。与仿真结果相比，测试性能有所下降，具体表现在：① 仿真的旁瓣电平都低于 −10 dB，而在 29.8 GHz 时 H 面旁瓣电平测试结果大于 −7 dB；② 测试的主瓣宽度相对于仿真结果有所变宽，在高频处这一现象尤为明显[如图 6-33(f)所示]。事实上，如果能量沿着多层腔体无泄漏地传播，那么可以保证天线阵的良好辐射特性。然而，由于层与层之间的缝隙影响，部分能量不可避免地会泄漏到腔体之外，最终旁瓣电平增加，主瓣宽度变宽。尽管如此，该天线阵在整个频段范围内仍然保持稳定的边射辐射特性。

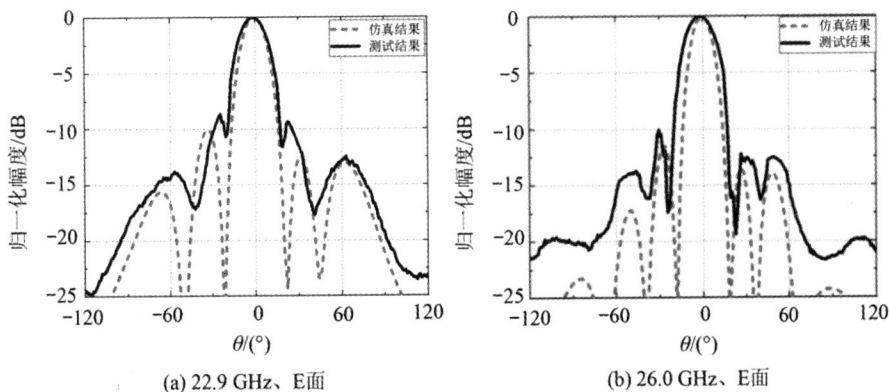

(a) 22.9 GHz、E面

(b) 26.0 GHz、E面

(c) 29.8 GHz、E面

(d) 22.9 GHz、H面

(e) 26.0 GHz、H面

(f) 29.8 GHz、H面

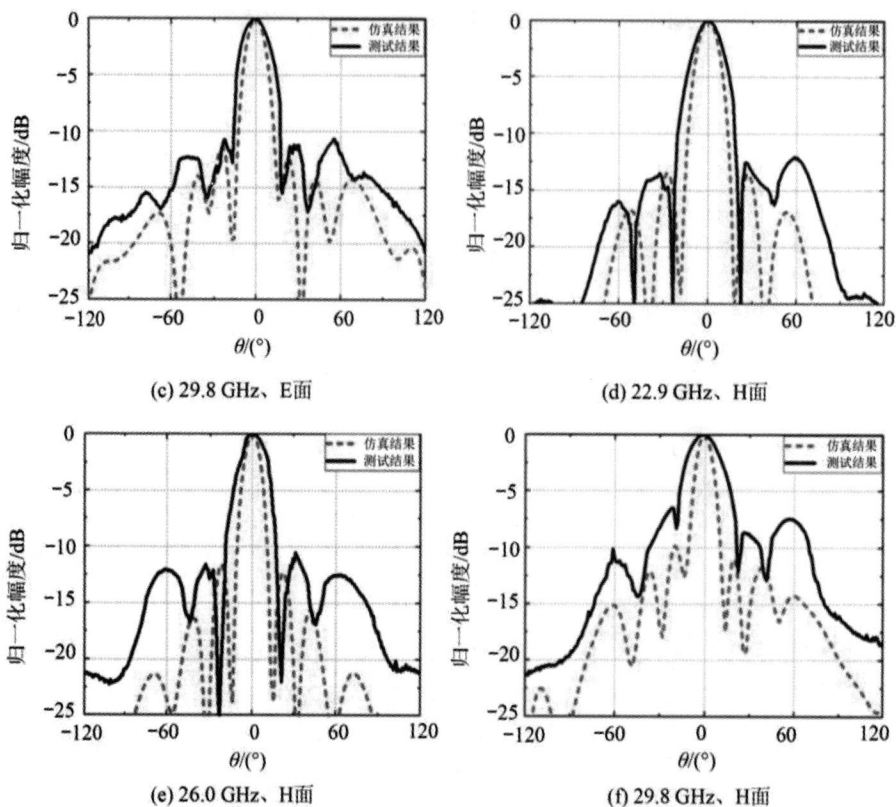

图 6-33 十六元 SIW 宽边喇叭天线阵的仿真与测试方向图

此外，图 6-34 对比了仿真与实测增益。实测增益比仿真结果有所降低，最多降低了 2 dBi。实测增益大小在 19 dBi 附近浮动，且增益浮动不超过 2 dBi。同时，图中数据还表明该天线阵的整体损耗在 0.4～1.2 dBi 之间。

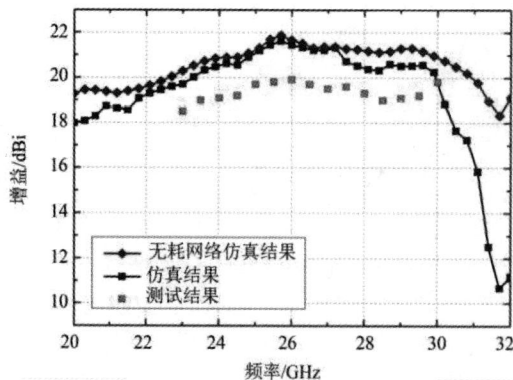

图 6-34 十六元 SIW 宽边喇叭天线阵的仿真与实测增益

图 6-35 中提取了该十六元宽边喇叭天线阵在中心谐振频率处的口径电场分布，从幅度和相位分布来看，该天线阵具有比较均匀的口径场分布。因此尽管采用了逐级扩大口径、降低介电常数的方式来改善阻抗匹配，但是没有破坏天线单元原有的电场分布特性，这是设计工作的重要前提。

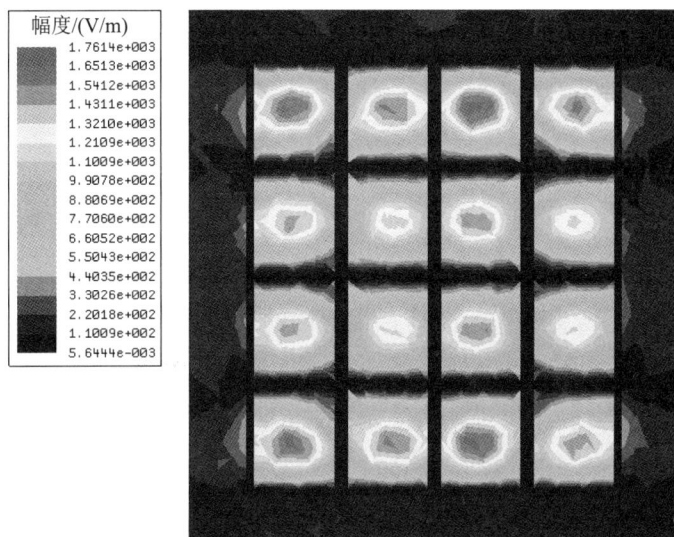

(a) 幅度分布

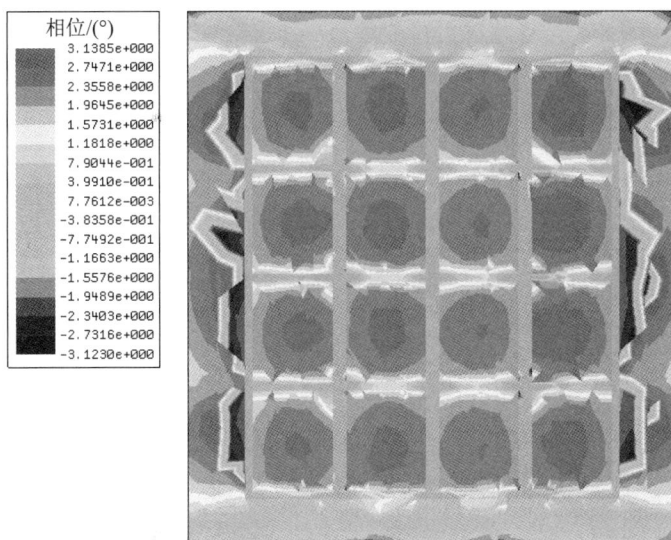

(b) 相位分布

图 6-35　十六元 SIW 宽边喇叭天线阵的口径电场分布

　　本节在上节工作的基础上，介绍了一种更为有效的宽带宽边喇叭天线阵的设计方法。从结果来看，该十六元天线阵的阻抗带宽可以达到 26.5%。为了提高该类天线阵的应用能力，通过采用合适的馈电网络[94, 121-122]，能够进一步实现宽带波束扫描特性，从而有效地满足现代通信系统对于多波束天线的需求。

本 章 小 结

　　为了在未来的 5G 通信中更好地满足庞大用户群的需求，设计宽带 SIW 背腔缝隙天线及其阵列在具有挑战性的同时也面临着迫切的现实应用需求。本章通过类比基于等效介质超材料加载的 SIW 喇叭天线的构造和宽带实现方法，介绍了一种新颖的单元形式，以突破 SIW 背腔缝隙天线的窄带瓶颈。

参 考 文 献

[1] ZANDER J，KIM S L，ALMGREN M，et al. Radio resource management for wireless networks[M]. Boston：Artech House，Inc，2001.

[2] WANG C X，HAIDER F，GAO X，et al. Cellular architecture and key technologies for 5G wireless communication networks[J]. IEEE Communications Magazine，2014，52(2)：122-130.

[3] PI Z，KHAN F. An introduction to millimeter-wave mobile broadband systems[J]. IEEE Communications Magazine，2011，49(6)：101-107.

[4] MEINEL H H. Commercial applications of millimeter-waves：history，present status，and future trends[J]. IEEE Transactions on Microwave Theory and Techniques，1995，43(7)：1639-1653.

[5] MARCUVITZ N. Waveguide handbook[M]. England：Iet，1951.

[6] WU K，DESLANDES D，CASSIVI Y. The substrate integrated circuits-a new concept for high-frequency electronics and optoelectronics [C]//International Conference on Telecommunications in Modern Satellite. IEEE，2003，1：P-III.

[7] WU K. Towards system-on-substrate approach for future millimeter-wave and photonic wireless applications[C]//Asia-Pacific Microwave Conference. IEEE，2006：1895-1900.

[8] BOZZI M，GEORGIADIS A，WU K. Review of substrate-integrated waveguide circuits and antennas[J]. IET Microwaves, Antennas & Propagation，2011，5(8)：909-920.

[9] IMANAKA Y. Multilayered low temperature co-fired ceramics (LTCC)

technology[M]. New York：Springer Science & Business Media，2005.

[10] YAN L，HONG W，HUA G，et al. Simulation and experiment on SIW slot array antennas[J]. IEEE Microwave and Wireless Components Letters，2004，14(9)：446-448.

[11] XU J，CHEN Z N，QING X，et al. 140-GHz planar broadband LTCC SIW slot antenna array[J]. IEEE Transactions on Antennas and Propagation，2012，60(6)：3025-3028.

[12] CHENG S，YOUSEF H，KRATZ H. 79 GHz slot antennas based on substrate integrated waveguides (SIW) in a flexible printed circuit board[J]. IEEE Transactions on Antennas and Propagation，2009，57(1)：64-71.

[13] SHEN Z，FENG C. A new dual-polarized broadband horn antenna [J]. IEEE Antennas and Wireless Propagation Letters，2005，4(1)：270-273.

[14] BRUNS C，LEUCHTMANN P，VAHLDIECK R. Analysis and simulation of a 1-18-GHz broadband double-ridged horn antenna[J]. IEEE Transactions on Electromagnetic Compatibility，2003，45(1)：55-60.

[15] ESQUIUS MOROTE M. Horn antennas and dual-polarized circuits in substrate integrated waveguide (SIW) technology[D]. Lausanne:EPFL，2014.

[16] YAO G，XUE Z，LIU Z，et al. Design of high-directivity end-fire antenna array[C]//International Conference on Microwave and Millimeter Wave Technology. IEEE，2008，1：424-427.

[17] LAMMINEN A，SI SÄILY J. Wideband millimetre wave end-fire antenna and array for wireless short-range applications[C]//Proceedings of the Fourth European Conference on Antennas and Propagation (EuCAP). IEEE，2010：1-5.

[18] UDA S，MUSHIAKE Y. Yagi-Uda antenna[M]. Sendai：Research

Institute of Electrical Communication，Tohoku University，1954.

[19] ENGARGIOLA G，WELCH W J. Log-periodic antenna：U. S. Patent 6,952,189[P]. 2005-10-4.

[20] SUGAWARA S，MIZUNO K. Tapered slot antenna：U. S. Patent 6,075,493[P]. 2000-6-13.

[21] RABINOVICH V，ALEXANDROV N. Antenna arrays and automotive applications[M]. New York：Springer Science & Business Media，2012.

[22] 陈伯孝，吴铁平，张伟，等. 高速反辐射导弹探测方法研究[J]. 西安电子科技大学学报，2003，30(6)：726-729.

[23] 温杰. Harpy 反辐射无人机的现状与发展[J]. 飞航导弹，2000，7(4)：4-5.

[24] HAO Z C，HONG W，CHEN J X，et al. A novel feeding technique for antipodal linearly tapered slot antenna array[C]//International Microwave Symposium Digest. IEEE，2005，3：1641-1643.

[25] CHENG Y J，HONG W，WU K. Design of a monopulse antenna using a dual V-type linearly tapered slot antenna (DVLTSA)[J]. IEEE Transactions on Antennas and Propagation，2008，56(9)：2903-2909.

[26] CHENG Y J，FAN Y. Millimeter-wave miniaturized substrate integrated multibeam antenna[J]. IEEE Transactions on Antennas and Propagation，2011，59(12)：4840-4844.

[27] WU X Y，HALL P S. Substrate integrated waveguide Yagi-Uda antenna[J]. Electronics Letters，2010，46(23)：1541-1542.

[28] ZOU X，TONG C M，BAO J S，et al. SIW-fed Yagi antenna and its application on monopulse antenna[J]. IEEE Antennas and Wireless Propagation Letters，2014，13：1035-1038.

[29] ZHAI G H，HONG W，WU K，et al. Wideband substrate integrated printed log-periodic dipole array antenna[J]. IET Microwaves，Antennas & Propagation，2010，4(7)：899-905.

[30]　CLENET M，LITZENBERGER J，LEE D，et al. Laminated waveguide as radiating element for array applications[J]. IEEE Transactions on Antennas and Propagation，2006，54(5)：1481-1487.

[31]　LI Z L，WU K. A new approach to integrated horn antenna [C]//International Symposium on Antenna Technology and Applied Electromagnetics. IEEE, 2004：535-538.

[32]　PAN B，LI Y，PONCHAK G E，et al. A 60-GHz CPW-fed high-gain and broadband integrated horn antenna[J]. IEEE Transactions on Antennas and Propagation，2009，57(4)：1050-1056.

[33]　YEH C I，YANG D H，LIU T H，et al. MMIC compatibility study of SIW H-plane horn antenna[C]//International Conference on Microwave and Millimeter Wave Technology IEEE，2010：933-936.

[34]　CHE W Q，FU B，YAO P，et al. A compact substrate integrated waveguide H-plane horn antenna with dielectric arc lens[J]. International Journal of RF and Microwave Computer-Aided Engineering，2007，17(5)：473-479.

[35]　WANG H，FANG D G，ZHANG B，et al. Dielectric loaded substrate integrated waveguide (SIW) H-plane horn antennas[J]. IEEE Transactions on Antennas and Propagation，2010，58(3)：640-647.

[36]　YOUSEFBEIKI M，DOMENECH A A，MOSIG J R，et al. Ku-band dielectric-loaded SIW horn for vertically-polarized multi-sector antennas[C]//2012 6th European Conference on Antennas and Propagation (EUCAP). IEEE，2012：2367-2371.

[37]　YEAP S B，QING X，SUN M，et al. 140-GHz 2×2 SIW horn array on LTCC[C]//2012 IEEE Asia-Pacific Conference on Antennas and Propagation (APCAP). IEEE，2012：279-280.

[38]　LANG Y，QU S W. A dielectric loaded H-plane horn for millimeter waves based on LTCC technology[C]//Cross Strait Quad-Regional Radio

Science and Wireless Technology Conference (CSQRWC)，2013. IEEE，2013：265-268.

[39] ESQUIUS-MOROTE M，FUCHS B，ZÜRCHER J F，et al. A printed transition for matching improvement of SIW horn antennas[J]. IEEE Transactions on Antennas and Propagation，2013，61(4)：1923-1930.

[40] ESQUIUS-MOROTE M，FUCHS B，ZÜRCHER J F，et al. Novel thin and compact H-plane SIW horn antenna[J]. IEEE Transactions on Antennas and Propagation，2013，61(6)：2911-2920.

[41] ESQUIUS-MOROTE M，ZÜRCHER J F，MOSIG J R，et al. Low-profile direction finding system with SIW horn antennas for vehicular applications[C]//Antennas and Propagation Society International Symposium. IEEE，2014：591-592.

[42] MALLAHZADEH A R，ESFANDIARPOUR S. Wideband H-plane horn antenna based on ridge substrate integrated waveguide (RSIW)[J]. IEEE Antennas and Wireless Propagation Letters，2012，11：85-88.

[43] ZHAO Y，SHEN Z X，WU W. Wideband and low-profile H-plane ridged SIW horn antenna mounted on a large conducting plane[J]. IEEE Transactions on Antennas and Propagation，2014，62(11)：5895-5900.

[44] ZHAO Y，SHEN Z X，WU W. Conformal SIW H-plane horn antenna on a conducting cylinder[J]. IEEE Antennas and Wireless Propagation Letters，2015(14)：1271-1274.

[45] LI Y，LUK K M. A multibeam end-fire magnetoelectric dipole antenna array for millimeter-wave applications[J]. IEEE Transactions on Antennas and Propagation，2016，64(7)：2894-2904.

[46] LI Y，WANG J，WANG J. Millimeter-wave wideband substrate integrated waveguide horn antenna loaded with dipole array [C] //International Workshop on Electromagnetics：Applications and Student Innovation Competition. IEEE，2017：12-13.

[47] WANG L，YIN X，LI S，et al. Phase corrected substrate integrated waveguide H-plane horn antenna with embedded metal-via arrays[J]. IEEE Transactions on Antennas and Propagation，2014，62(4)：1854-1861.

[48] WANG L，ESQUIUS-MOROTE M，QI H，et al. Phase corrected H-plane horn antenna in gap SIW technology[J]. IEEE Transactions on Antennas and Propagation，2017，65(1)：347-353.

[49] AGHANEJAD I，ABIRI H，YAHAGHI A. High-gain planar lens antennas based on transformation optics and substrate-integrated waveguide (SIW) technology[J]. Progress In Electromagnetics Research C，2016(68)：45-55.

[50] BAYAT-MAKOU N，KISHK A A. Substrate integrated horn antenna with uniform aperture distribution[J]. IEEE Transactions on Antennas and Propagation，2017，65(2)：514-520.

[51] LAMBOR J，LACIK J，RAIDA Z，et al. High-gain wideband SIW offset parabolic antenna[J]. Microwave and Optical Technology Letters，2016，58(12)：2888-2892.

[52] ZHANG S，LI Z，WANG J. A novel SIW H-plane horn antenna based on parabolic reflector[J]. International Journal of Antennas and Propagation，2016，Part 2：1-7.

[53] MATEO J，TORRES A M，BELENGUER A，et al. Highly efficient and well-matched empty substrate integrated waveguide H-plane horn antenna [J]. IEEE Antennas and Wireless Propagation Letters，2016，15：1510-1513.

[54] LI J，HUANG Y，WANG R，et al. Wideband SIW H-plane dual-ridged end-fire antenna for conformal application[J]. Microwave and Optical Technology Letters，2017，59(2)：286-292.

[55] TOH B Y，CAHILL R，FUSCO V F. Understanding and measuring

circular polarization[J]. IEEE Transactions on Education，2003，46(3)：313-318.

[56] 林昌禄，宋锡明. 圆极化天线[M]. 北京：人民邮电出版社，1986.

[57] ESQUIUS-MOROTE M，FUCHS B，ZÜRCHER J F，et al. Extended SIW for TE_{m0} and TE_{0n} modes and slot line excitation of the TE_{01} mode[J]. IEEE Microwave and Wireless Components Letters，2013，23(8)：412-414.

[58] LIN S，ELSHERBINI A，YANG S，et al. Experimental development of a circularly polarized antipodal tapered slot antenna using SIW feed printed on thick substrate[C]//Antennas and Propagation Society International Symposium. IEEE，2007：1533-1536.

[59] CHENG X，YAO Y，YU J，et al. Circularly polarized substrate integrated waveguide tapered slot antenna for millimeter-wave applications[J]. IEEE Antennas and Wireless Propagation Letters，2017(16)：2358-2361.

[60] WANG L，YIN X，ESQUIUS-MOROTE M，et al. Circularly polarized compact LTSA array in SIW technology[J]. IEEE Transactions on Antennas and Propagation，2017，65(6)：3247-3252.

[61] DOGHRI A，DJERAFI T，GHIOTTO A，et al. SIW 90-degree twist for substrate integrated circuits and systems[C]//Microwave Symposium Digest. IEEE，2013：1-3.

[62] DOGHRI A，DJERAFI T，GHIOTTO A，et al. Substrate integrated waveguide directional couplers for compact three-dimensional integrated circuits[J]. IEEE Transactions on Microwave Theory and Techniques，2015，63(1)：209-221.

[63] DJERAFI T，YOUZKATLI-EL-KHATIB B，WU K，et al. Substrate integrated waveguide antenna subarray for broadband circularly polarised radiation[J]. IET Microwaves，Antennas & Propagation，2014，

8(14)：1179-1185.

[64] YAN L，HONG W，WU K，et al. Investigations on the propagation characteristics of the substrate integrated waveguide based on the method of lines[J]. IEEE Proceedings-Microwaves，Antennas and Propagation，2005，152(1)：35-42.

[65] DESLANDES D，WU K. Design consideration and performance analysis of substrate integrated waveguide components[C]//32nd European Microwave Conference. IEEE，2002：1-4.

[66] LI M，BEHDAD N. Wideband true-time-delay microwave lenses based on metallo-dielectric and all-dielectric lowpass frequency selective surfaces[J]. IEEE Transactions on Antennas and Propagation，2013，61(8)：4109-4119.

[67] CHEN X，MA H F，ZOU X Y，et al. Three-dimensional broadband and high-directivity lens antenna made of metamaterials[J]. Journal of Applied Physics，2011，110(4)：044904.

[68] GAUTHIER G P，COURTAY A，REBEIZ G M. Microstrip antennas on synthesized low dielectric-constant substrates[J]. IEEE Transactions on Antennas and Propagation，1997，45(8)：1310-1314.

[69] COLBURN J S，RAHMAT-SAMII Y. Patch antennas on externally perforated high dielectric constant substrates[J]. IEEE Transactions on Antennas and Propagation，1999，47(12)：1785-1794.

[70] CHEN X，GRZEGORCZYK T M，WU B I，et al. Robust method to rctrieve the constitutive effective parameters of metamaterials[J]. Physical Review E，2004，70(1)：016608.

[71] SMITH D R，VIER D C，KOSCHNY T，et al. Electromagnetic parameter retrieval from inhomogeneous metamaterials[J]. Physical Review E，2005，71(3)：036617.

[72] CHEN Z J，HONG W，KUAI Z Q，et al. Simulation and experiment

on the transition between rectangular waveguide and substrate integrated waveguide at W-band[C]//Proc. Microw. Millim. -Wave Symp. China. 2007: 861-863.

[73]　SLEE S, JUNG S, LEE H Y. Ultra-wideband CPW-to-substrate integrated waveguide transition using an elevated-CPW section[J]. IEEE Microwave and Wireless Components Letters, 2008, 18(11): 746-748.

[74]　CAI Y, QIAN Z P, ZHANG Y S, et al. Bandwidth enhancement of SIW horn antenna loaded with air-via perforated dielectric slab[J]. IEEE Antennas and Wireless Propagation Letters, 2014(13): 571-574.

[75]　CAI Y, QIAN Z, CAO W, et al. Compact wideband SIW horn antenna fed by elevated-CPW structure[J]. IEEE Transactions on Antennas and Propagation, 2015, 63(10): 4551-4557.

[76]　ISHIHARA F, IIGUCHI S. Equivalent characteristic impedance formula of waveguide and its applications[J]. Electronics and Communications in Japan (Part II: Electronics), 1992, 75(5): 54-66.

[77]　KONG J A. Theory of electromagnetic waves[M]. New York: Wiley-Interscience, 1975(1): 348.

[78]　YAROVOY A G, SCHUKIN A D, KAPLOUN I V, et al. The dielectric wedge antenna[J]. IEEE Transactions on Antennas and Propagation, 2002, 50(10): 1460-1472.

[79]　ZUCKER F J. Surface and leaky-wave antennas[J]. Antenna Engineering Handbook, 1961: 16-14.

[80]　HWANG R B, LIU H W, CHIN C Y. A metamaterial-based E-plane horn antenna[J]. Progress in Electromagnetics Research, 2009(93): 275-289.

[81]　PETERS F D L, BOUKARI B, TATU S O, et al. 77 GHz Millimeter wave antenna array with Wilkinson divider feeding network[J]. Progress in Electromagnetics Research Letters, 2009(9): 193-199.

[82] POZAR D M. Microwave engineering[M]. New York: John Wiley & Sons，2009.

[83] BALANIS C A. Antenna theory: analysis and design[M]. New York: John Wiley & Sons，2016.

[84] YAZDANDOOST K Y，GHARPURE D C. Simple formula for calculation of the resonant frequency of a rectangular microstrip antenna[C]//International Symposium on Spread Spectrum Techniques and Applications. IEEE，1998(2): 604-605.

[85] BEDAIR S S. Characteristics of some asymmetrical coupled transmission lines (short paper)[J]. IEEE Transactions on Microwave Theory and Techniques，1984，32(1): 108-110.

[86] LU W J，SHI J W，TONG K F，et al. Planar end-fire circularly polarized antenna using combined magnetic dipoles[J]. IEEE Antennas and Wireless Propagation Letters，2015(14): 1263-1266.

[87] ZHANG W H，LU W J，TAM K W. A planar end-fire circularly polarized complementary antenna with beam in parallel with its plane [J]. IEEE Transactions on Antennas and Propagation，2016，64(3): 1146-1152.

[88] PRASAD C S，MUKHERJEE S，BISWAS A. Efficient probe excitation of dielectric image line using substrate integrated waveguide based matching network[C]//2015 9th European Conference on Antennas and Propagation (EuCAP). IEEE，2015: 1-4.

[89] DONG Y，ITOH T. Metamaterial-based antennas[J]. Proceedings of the IEEE，2012，100(7): 2271-2285.

[90] CHENG Y，HONG W，WU K. Novel substrate integrated waveguide fixed phase shifter for 180-degree directional coupler[C]//International Microwave Symposium. IEEE，2007: 189-192.

[91] CHENG Y J，HONG W，WU K. Millimeter-wave multibeam antenna

based on eight-port hybrid[J]. IEEE Microwave and Wireless Components Letters，2009，19(4)：212-214.

[92] CHENG Y M，CHEN P，HONG W，et al. Substrate-integrated-waveguide beamforming networks and multibeam antenna arrays for low-cost satellite and mobile systems[J]. IEEE Antennas and Propagation Magazine，2011，53(6)：18-30.

[93] CHENG Y J，HONG W，WU K，et al. Substrate integrated waveguide (SIW) Rotman lens and its Ka-band multibeam array antenna applications [J]. IEEE Transactions on Antennas and Propagation，2008，56(8)：2504-2513.

[94] CHENG Y J，HONG W，WU K. Millimeter-wave substrate integrated waveguide multibeam antenna based on the parabolic reflector principle[J]. IEEE Transactions on Antennas and Propagation，2008，56(9)：3055-3058.

[95] CHENG Y J，XUAN Z J. Two-dimensional beam scanning antenna array with 90-degree SIW twist[C]//2017 International Workshop on Antenna Technology：Small Antennas，Innovative Structures，and Applications. IEEE，2017：264-266.

[96] DADGARPOUR A，ZARGHOONI B，VIRDEE B S，et al. One-and two-dimensional beam-switching antenna for millimeter-wave MIMO applications[J]. IEEE Transactions on Antennas and Propagation，2016，64(2)：564-573.

[97] DURGUN A C，BALANIS C A，BIRTCHER C R，et al. High-impedance surfaces with periodically perforated ground planes[J]. IEEE Transactions on Antennas and Propagation，2014，62(9)：4510-4517.

[98] ECCLESTON K W. Mode analysis of the corrugated substrate integrated waveguide[J]. IEEE Transactions on Microwave Theory and Techniques，2012，60(10)：3004-3012.

[99]　DJERAFI T，WU K. Corrugated substrate integrated waveguide (SIW) antipodal linearly tapered slot antenna array fed by quasi-triangular power divider[J]. Progress In Electromagnetics Research C，2012(26)：139-151.

[100]　LUUKKONEN O，SIMOVSKI C，GRANET G，et al. Simple and accurate analytical model of planar grids and high-impedance surfaces comprising metal strips or patches[J]. IEEE Transactions on Antennas and Propagation，2008，56(6)：1624-1632.

[101]　WANG W C. Electromagnetic wave theory[M]. New York：Wiley，1986.

[102]　DESLANDES D，WU K. Integrated microstrip and rectangular waveguide in planar form[J]. IEEE Microwave and Wireless Components Letters，2001，11(2)：68-70.

[103]　LUO G Q. Low profile cavity backed antennas based on substrate integrated waveguide technology[C]//Asia-Pacific Conference on Antennas and Propagation. IEEE，2012：275-276.

[104]　GONG K，CHEN Z N，QING X，et al. Empirical formula of cavity dominant mode frequency for 60-GHz cavity-backed wide slot antenna[J]. IEEE Transactions on Antennas and Propagation，2013，61(2)：969-972.

[105]　ZHANG Y，CHEN Z N，QING X，et al. Wideband millimeter-wave substrate integrated waveguide slotted narrow-wall fed cavity antennas[J]. IEEE Transactions on Antennas and Propagation，2011，59(5)：1488-1496.

[106]　XU L，LI L，ZHANG W. Study and design of broadband bow-tie slot antenna fed with asymmetric CPW[J]. IEEE Transactions on Antennas and Propagation，2015，63(2)：760-765.

[107]　ELDEK A A，ELSHERBENI A Z，SMITH C E. Wideband microstrip-

fed printed bow-tie antenna for phased-array systems [J]. Microwave and Optical Technology Letters，2004，43(2)：123-126.

[108] KIMINAMI K，HIRATA A，SHIOZAWA T. Double-sided printed bow-tie antenna for UWB communications[J]. IEEE Antennas and Wireless Propagation Letters，2004，3(1)：152-153.

[109] VARNOOSFADERANI M V，THIEL D V，LU J W. A wideband slot antenna in a box for wearable sensor nodes[J]. IEEE Antennas and Wireless Propagation Letters，2015(14)：1494-1497.

[110] QU S W，LI J L，XUE Q，et al. Wideband periodic end-fire antenna with bowtie dipoles[J]. IEEE Antennas and Wireless Propagation Letters，2008(7)：314-317.

[111] DASTRANJ A，IMANI A，NASER-MOGHADDASI M. Printed wide-slot antenna for wideband applications[J]. IEEE Transactions on Antennas and Propagation，2008，56(10)：3097-3102.

[112] YUN S，KIM D Y，NAM S. Bandwidth enhancement of cavity-backed slot antenna using a via-hole above the slot[J]. IEEE Antennas and Wireless Propagation Letters，2012(11)：1092-1095.

[113] LUO G Q，HU Z F，LI W J，et al. Bandwidth-enhanced low-profile cavity-backed slot antenna by using hybrid SIW cavity modes[J]. IEEE Transactions on Antennas and Propagation，2012，60(4)：1698-1704.

[114] XU J，CHEN Z N，QING X，et al. Bandwidth enhancement for a 60 GHz substrate integrated waveguide fed cavity array antenna on LTCC[J]. IEEE Transactions on Antennas and Propagation，2011，59(3)：826-832.

[115] GUAN D F，QIAN Z P，ZHANG Y S，et al. Novel SIW cavity-backed antenna array without using individual feeding network[J]. IEEE Antennas and Wireless Propagation Letters，2014(13)：423-426.

[116] GUAN D F，DING C，QIAN Z P，et al. An SIW-based large-scale

corporate-feed array antenna[J]. IEEE Transactions on Antennas and Propagation，2015，63(7)：2969-2976.

[117] WU P，LIAO S，XUE Q. A substrate integrated slot antenna array using simplified feeding network based on higher order cavity modes[J]. IEEE Transactions on Antennas and Propagation，2016，64(1)：126-135.

[118] WANG T，LI G，DING J，et al. 5G spectrum：is china ready?[J]. IEEE Communications Magazine，2015，53(7)：58-65.

[119] KAZEMI R，FATHY A E，YANG S，et al. Development of an ultra wide band GCPW to SIW transition[C]//Radio and Wireless Symposium (RWS). IEEE，2012：171-174.

[120] WANG X Y，LI J L，ZHANG Y M，et al. A high-gain LTCC horn antenna with different feeding structures[C]//2013 International Workshop on Microwave and Millimeter Wave Circuits and System Technology (MMWCST). IEEE，2013：154-156.

[121] HALLBJORNER P，SKARIN I，FROM K，et al. Circularly polarized traveling-wave array antenna with novel microstrip patch element[J]. IEEE Antennas and Wireless Propagation Letters，2007(6)：572-574.

[122] ETTORRE M，SAULEAU R，LE COQ L. Multi-beam multi-layer leaky-wave SIW pillbox antenna for millimeter-wave applications[J]. IEEE Transactions on Antennas and Propagation，2011，59(4)：1093-1100.